生きかたイロイロ！昆虫変態図鑑

222種千奇百怪的昆蟲生態全收錄

昆蟲變態圖鑑

Insect Metamorphosis Picture Book

作者 **川邊透・前畑真實**

監修 **平井規央**

專業審訂 **唐欣潔**（臺北市立動物園昆蟲館館長）

譯者 **何姵儀**

前言

地球上的昆蟲數量驚人，而且不僅外型各異其趣，就連生存方式也大不相同。在了解昆蟲的生存方式時，絕對不可以忘記一件事，那就是昆蟲是一種會「變態」的生物。

這本書介紹了222種昆蟲的一生，從常見的到罕見的都有，還搭配了豐富的照片，讓大家可以好好欣賞在不同環境中，為了延續生命而蛻變成長、生存方式相當獨特的昆蟲，讓翻閱這本書的大小朋友，可以深入了解那些從外表看不出來，但是其實背後隱藏著精彩故事的昆蟲世界。

不僅如此，這些拚命生存的小蟲子，還帶著一股可愛與帥氣的特質呢！大家一定要好好留意本書登場的昆蟲所隱藏的無窮魅力喔！

目 錄

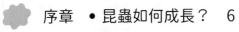

鱗翅目的完全變態
～會化蛹的昆蟲①～

第2章

鱗翅目以外的完全變態
～會化蛹的昆蟲②～

不完全變態
～不會化蛹的昆蟲～

昆蟲如何成長？

昆蟲的「變態」

昆蟲會由卵孵化為幼蟲，幼蟲會反覆**蛻皮**（脫掉外皮）、成長，然後改變身體形狀，變為蛹或成蟲，這就叫做**變態**。

另外，由卵變為幼蟲的過程稱為**孵化**；由幼蟲變為蛹的過程稱為**化蛹**；由蛹（或幼蟲）變為成蟲的過程則稱為**羽化**。

幼蟲的任務是好好吃東西、好好長大，牠們會隨著成長蛻皮好幾次。蛹的時期看似靜止不動，但其實內部正在進行大工程，將幼蟲的身體改造為成蟲。而羽化後的成蟲，牠的任務是四處活動，尋找配偶，盡其所能繁衍後代。

昆蟲的變態方式有三種：**完全變態**、**不完全變態**和**無變態**。

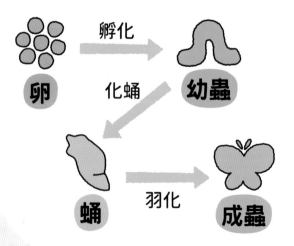

完全變態

幼期的幼蟲變為成蟲之前會先化蛹，在蛹的階段，幼蟲會變大並且重新塑造身體，因此幼蟲和成蟲的型態將完全不同。幼蟲通常為毛毛蟲或蛆，成蟲則有漂亮的翅膀。專心進食並且成長的幼蟲，以及四處移動留下許多後代的成蟲，都是以最利於生存的模樣存在；而且多數昆蟲在幼蟲及成蟲時期，攝取的食物都不同。

完全變態的例子 紋白蝶

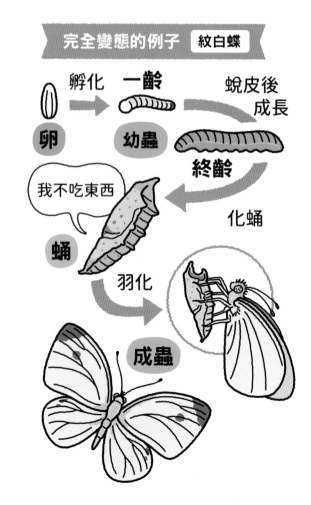

不完全變態

　　幼期的若蟲會不斷蛻皮，但是會跳過蛹這個階段，直接變為成蟲。若蟲的背部會隨著成長，出現未來會長出翅的翅芽。成蟲時翅膀就會成熟，能夠在空中翱翔。若蟲和成蟲的外型相似，差別只在於有沒有翅膀。不過有些昆蟲卻是例外，如蜻蜓的幼期（水蠆）和成蟲的外型完全不一樣，但是頭部形狀和腳的排列方式等身體結構卻非常相似。不完全變態的若蟲和成蟲所吃的食物或食性都相似。

不完全變態的例子　日本油蟬

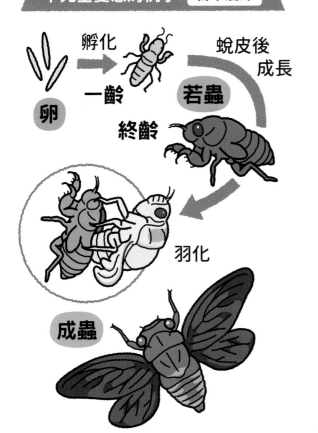

無變態

　　即使是成蟲也沒有翅膀，幼期的若蟲和成蟲型態幾乎相同，並且會在同一種環境過著一樣的生活。另外，就算是成蟲，依舊會繼續蛻皮，此現象只存在於原始的昆蟲。

無變態的例子　無斑跳蛃

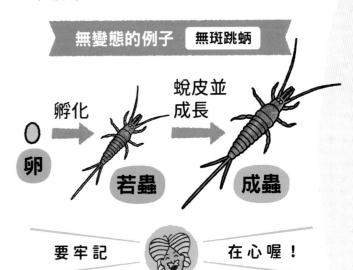

要牢記　　　　在心喔！

什麼是「齡期」？

　　「齡期」指昆蟲的發育階段。剛從卵孵化的幼蟲稱為一齡，每蛻一次皮，就會變成二齡、三齡……以此類推。由卵孵化後的幼蟲稱為初齡幼蟲；發育中期稱為中齡幼蟲；即將成蛹時則稱為終齡幼蟲。另外，處於終齡前一個階段的幼蟲稱為亞終齡幼蟲，亞終齡及終齡這兩個階段的幼蟲稱為老齡幼蟲，而快要化蛹前的終齡幼蟲也可以稱為老熟幼蟲。

什麼是「世代」？

　　從卵到幼蟲的階段是一個週期。至於每年的次數（也就是成蟲會出現幾次），每種昆蟲都不一樣。一年發生一次的稱為「一世代（簡稱一代）」；兩次則稱為「二世代（二代）」；超過三次或四次以上，有時會直接稱為「多世代（多代）」。

昆蟲怎麼分類？

昆蟲的演化與變態

昆蟲早在四億多年前就已經出現在地球，而且在這段漫長歲月中不斷演化，並且分化成許多**物種**。

昆蟲的生存歷史中，從無變態到不完全變態，再演化成完全變態，這些全新的變態方式相當重要，因為這讓昆蟲比以往更能在各種環境中生存，也能以驚人的速度分化成不同物種。目前我們所知的昆蟲，已經超過一百多萬種。

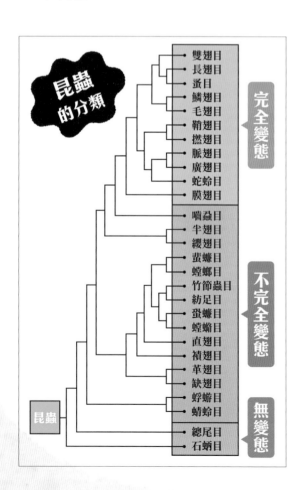

昆蟲的分類

完全變態
- 雙翅目
- 長翅目
- 蚤目
- 鱗翅目
- 毛翅目
- 鞘翅目
- 撚翅目
- 脈翅目
- 廣翅目
- 蛇蛉目
- 膜翅目

不完全變態
- 嚙蟲目
- 半翅目
- 纓翅目
- 蝨蟲目
- 螳螂目
- 竹節蟲目
- 紡足目
- 蚤蟲目
- 螳螩目
- 直翅目
- 襀翅目
- 革翅目
- 缺翅目
- 蜉蝣目
- 蜻蛉目

昆蟲

無變態
- 總尾目
- 石蚋目

完全變態的昆蟲

雙翅目（p.191～）
幼蟲通常為蛆的型態，成蟲只有兩片翅膀，但是可以靈活飛行。生存方式形形色色，還可細分成許多種類。

長翅目
幼蟲為毛毛蟲型態，成蟲擁有細長的翅膀；雄蟲停留時腹部尾端會翹起來。

蚤目
通常會寄生在哺乳動物和鳥類身上。幼蟲是蛆的型態，成蟲沒有翅膀，但是可以跳得很高。

鱗翅目（p.12～）
幼蟲通常為毛毛蟲的型態，大多是以植物為食。成蟲擁有覆蓋著鱗片的大片翅膀，可以在空中飛舞，通常會再細分為許多種類。

毛翅目（p.190～）
幼蟲會以類似毛毛蟲的型態在水中成長，成蟲有大片翅膀，外型像蛾，但是翅膀沒有鱗片只有細毛。

鞘翅目（p.148～）
成蟲的前翅相當堅硬（翅鞘），底下有摺疊起來的膜質後翅。種類非常多，身體形狀、食物及生活環境都各有不同。

撚翅目
幼蟲會寄生在其他昆蟲身上成長。雄蟲有翅膀，但是雌蟲沒有翅膀也沒有腳。

脈翅目（p.209～）
幼蟲擁有發達的大顎，可以捕捉其他昆蟲並吸食體液。成蟲身體柔軟細長，翅膀大而且輕薄，上頭還有網狀花紋。

廣翅目（p.208～）
幼蟲在水中成長，外型很像蜈蚣；蛹能夠移動。成蟲擁有和蜻蜓一樣的大翅膀，但是停下來時會像蟬一樣收摺在背部。

蛇蛉目（p.209～）
體型纖細，頸部看起來非常長，幼蟲的體型與成蟲相似。蛹能夠移動，成蟲的翅膀很薄，雌蟲具有長長的產卵管。

膜翅目（p.194～）
幼蟲為毛毛蟲或蛆的型態，成蟲擁有輕薄的翅膀，可以迅速飛行。有的會寄生在其他昆蟲身上，有的則是群居生活，有各種演化型態。

不完全變態的昆蟲

嚙蟲目（p.239～）
絕大部分都有咀嚼式口器，某些成蟲有翅膀。書蝨的同類會吃黴菌；蝨子的同類則是會吸食動物的體液。

半翅目（p.214～）
口器如同吸管，可以吸食植物的汁液或昆蟲的體液。在不完全變態的昆蟲中種類最多，演化後的生存方式各有不同。

纓翅目
成蟲擁有細長的翅膀。成為成蟲之前會經過一個類似蛹的階段，不吃東西、行動也不活躍。

蜚蠊目（p.244～）
主要棲息在森林中的朽木，有些則會出現在人們居住的房屋中。習慣組織成大群體，擁有社會結構的白蟻就是屬於這個族群。

螳螂目（p.241～）
若蟲和成蟲都是肉食性，會用宛如鐮刀的前腳捕食獵物。成蟲有翅膀，摺疊後會收在腹部上方。

竹節蟲目（p.250～）
若蟲和成蟲的外觀非常相似。大部分的身體及腳都相當細長，形狀貌似樹枝及樹葉。有些成蟲有翅膀，有些則沒有。

紡足目
體型小巧細長，雌蟲沒有翅膀。前腳前端能分泌絲線，通常會集體生活。

蛩蠊目
成蟲沒有翅膀，複眼已經縮小並且退化，習慣在潮溼的土壤中生活。

螳䗛目
成蟲沒有翅膀，走路時會抬起腳尖，日本尚未發現。

直翅目（p.252～）
後腳發達，經常跳躍。成蟲擁有細長又堅固的前翅，以及可以整個展開的後翅。有些以鳴蟲聞名。

襀翅目（p.269～）
幼期稚蟲成長在清澈的水中，成蟲常出現在水邊。後翅通常比前翅大，飛行氣勢弱，降落時會將翅膀摺疊在背部。

革翅目（p.248～）
稚蟲和成蟲的外觀非常相似。身體修長，腹部尾端像把剪刀。有些成蟲有翅膀，有些則沒有。

缺翅目
大小只有2～3mm，觸角呈念珠狀，日本尚未發現。

蜉蝣目（p.282～）
稚蟲在水中成長，成蟲常出現在水邊，前翅大、後翅小。從稚蟲變成亞成蟲之後，需要再蛻一次皮才會成為成蟲。

蜻蛉目（p.270～）
幼期叫做「水蠆」，生長在水中。成蟲體型修長，擁有一雙大大的複眼和健壯的翅膀，會在空中捕食正在飛行的昆蟲。

無變態昆蟲

總尾目
若蟲和成蟲外表相同，成蟲仍會繼續蛻皮。身上覆蓋著一層鱗片，但是沒有翅膀，經常出現在一般家庭中。

石蛃目（p.285～）
若蟲和成蟲外表相同，就算是成蟲也一樣會蛻皮。身體細長，覆蓋著一層鱗片，但是沒有翅膀。腹部若是遭到撞擊，就會和跳蚤一樣跳起來。

本書的使用方法

本書搭配豐富的照片，介紹222種昆蟲的變態過程。

基本資料
昆蟲基本資料的彙整。

●分類
昆蟲所屬的類別。「目」是比較大的分類，「科」則比「目」還要細。

●出現地區
日本國內大致的分布範圍。

●幼蟲的食物
幼蟲的主食。

●體長
標示方法因身體結構有所不同。蝴蝶和蛾是「前翅的長度」（從前翅基部到頂端的長度）；瓢蟲等昆蟲是「體長」（從頭部到腹部的長度）；蟬等昆蟲則以「全長」（從頭部到翅膀末端的長度）表示。

●出現時期
可以看到成蟲和幼蟲的時期，包括冬眠等躲藏起來的時期。

●越冬型態
說明昆蟲是以卵、幼蟲、蛹或成蟲的型態過冬。

●世代
說明昆蟲一年可完成的生活史次數。

不清楚或不明確的資訊不會刊載在該項目中。

中名和特徵
昆蟲的中名和學名（世界共通的物種名）。中名上下解說昆蟲的主要特徵。

「不要碰我！」標誌
為了保護自身而帶有毒毛或刺的昆蟲，或是擁有毒針及鋒利口器的危險昆蟲都會有這個標誌。

變態備忘錄
更詳細的解說。

博士的觀察筆記
告訴大家昆蟲的小知識，偶爾也會分享一些只有昆蟲迷才會知道的資訊或是博士的經驗談。

成長過程
標示卵、幼蟲、蛹和成蟲的過程。

書中角色

並不是所有昆蟲都有這四個過程。

蟲蟲博士
本書的導遊、研究昆蟲的專家，滿腦子都是昆蟲的演化知識。

小渚
蟲蟲博士的助手。昆蟲知識雖然不及博士，但是對昆蟲的愛卻比任何人都要強烈。

第1章

鱗翅目的完全變態
〜會化蛹的昆蟲①〜

讓我們來探索
昆蟲的神奇世界吧！

一起出發吧！

鳥糞最後會變成美麗的蝴蝶！

柑橘鳳蝶

Papilio xuthus

嗯……

大家常見到的昆蟲。只要仔細觀察，會發現成蟲的翅膀非常美麗。幼蟲在中齡以前看起來像鳥糞，但到了終齡就會變成鮮豔的綠色毛毛蟲。大家可以在公園或院子裡的果樹尋找牠們的卵和幼蟲，試著養看看喔！

| 分類 | 鱗翅目鳳蝶科 | 前翅長度 | 35～60mm |

| 出現地區 | 北海道、本州、四國、九州、琉球群島 |

| 出現時期 | （成蟲）3～11月、（幼蟲）4～11月 |

| 世代 | 一年二～四代 | 幼蟲的寄主植物 | 柑橘類、山椒 | 越冬型態 | 蛹 |

卵

產在葡萄柚葉片上的卵，直徑大約 1mm。

三齡

三齡幼蟲，大約 15mm。

二齡

二齡幼蟲，大約 8mm。

一齡

一齡幼蟲孵化後會立即吃掉卵殼，大約 3mm。

幼蟲

開始蛻皮了！

四齡

終齡
（五齡）

看起來像鳥糞的四齡幼蟲，
大約 25mm。

蛻皮進入終齡後會變成綠色，幼蟲會將
蛻下的皮全部吃掉，只留下頭部。

眼斑

察覺到危險時會伸出橘色的
肉角（臭角），並釋放一股
難聞的氣味。故意觸摸讓牠
們伸出肉角雖然很有趣，但
是次數太頻繁的話會讓牠們
變得虛弱，所以適度就好。

我不是很喜歡
肉角的味道……

正在吃柚子葉的終齡幼蟲，
長大後大約 45mm，胸部
有個像眼睛的圖案，叫做眼
斑，一般認為眼斑有嚇跑鳥
類等天敵的作用。

肉角的味道
確實有點難聞。

下一頁繼續

13

蛹

前蛹，會先從嘴巴吐出絲線，捲成一團（絲墊）之後黏在樹枝上，再將尾巴黏在上面。接著吐出一圈又一圈的絲線（絲帶）將枝幹和身體連接在一起，就變成前蛹了。

蛹殼裡面黏黏的！

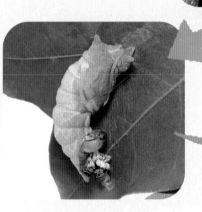

剛蛻去幼蟲皮的蛹，可以明顯看出成蟲觸角和翅膀部分的形狀。

蛹體會根據所在環境呈現綠色，或變成棕色，大約 30mm。

成蟲

蛹身上的翅膀花紋只要越來越清楚，就代表快要羽化了，通常會在早上羽化。

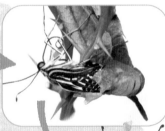

展開翅膀的成蟲。

只吸食彼岸花蜜的雌蟲，與兩隻想要求偶而靠過來的雄蟲。雌蟲若是完成交配，通常會趕快逃走。

在葡萄柚葉片上產卵的雌蟲會彎著屁股，慢慢產卵。

博士的

觀察筆記

我在觀察柑橘鳳蝶羽化時，常常盯著牠看時毫無動靜，但只要視線一離開，牠們就羽化了。說不定這些蝴蝶也在蛹中偷看我們呢！

在荷蘭芹或胡蘿蔔菜園裡說不定會找到牠們！

黃鳳蝶

Papilio machaon

成蟲外表很像柑橘鳳蝶（→ p.12），但是幼蟲的外觀和食物卻與牠們完全不同。如果在院子種荷蘭芹或胡蘿蔔，黃鳳蝶說不定會在上面產卵。

分類 鱗翅目鳳蝶科	**前翅長度** 36 ～ 70mm
出現地區 北海道、本州、四國、九州、種子島、屋久島	
出現時期（成蟲）3 ～ 11月、（幼蟲）4 ～ 11月	**世代** 一年一～四代
幼蟲的寄主植物 胡蘿蔔、水芹、毛當歸等	**越冬型態** 蛹

卵

產在荷蘭芹上的卵，直徑大約 1mm。

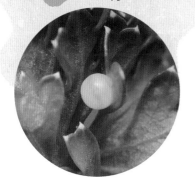

三齡

棲息在毛當歸葉片上的三齡幼蟲，大約 10mm。

終齡幼蟲的正面

吃了毛當歸之後身體變得圓滾滾的終齡幼蟲，大約 50mm。牠們非常喜歡荷蘭芹、胡蘿蔔及鴨兒芹，所以通常會在菜園中發現牠們的蹤跡。

幼蟲

終齡（五齡）

蛹

蛹有很多種顏色，如棕色、綠色和灰色，大約 30mm。

雄蟲，外型很像柑橘鳳蝶，特徵是後者前翅基部沒有花紋。

成蟲

卵的直徑大約 1.5mm。

幼蟲

實際大小

卵

一齡

一齡幼蟲孵化後會立刻吃掉卵殼。

出生後的第一餐竟然是卵殼！

紅色肉角的毛毛蟲會變成黑色的鳳蝶

黑鳳蝶

Papilio protenor

成蟲全身都是黑色的，所以不會和柑橘鳳蝶（→ p.12）混淆，但是兩者的幼蟲和蛹長得非常像。黑鳳蝶幼蟲的食物和柑橘鳳蝶一樣，不過柑橘鳳蝶的幼蟲喜歡待在食草植物的明亮處，黑鳳蝶的幼蟲則是經常出現在昏暗的地方。

分類	鱗翅目鳳蝶科	前翅長度	45～70mm
出現地區	本州、四國、九州、琉球群島	出現時期	（成蟲）4～10月、（幼蟲）5～11月
世代	一年二～四代	幼蟲的寄主植物	柑橘類、食茱萸	越多型態	蛹

在柚子樹上成長的終齡幼蟲。顏色較柑橘鳳蝶深，頭部和條紋部分則是偏棕色。身體也大了一圈，大約55mm 左右。

四齡

終齡
（五齡）

四齡幼蟲，和柑橘鳳蝶一樣看起來像鳥糞，但是較有光澤，大約 30mm。

老熟幼蟲會從嘴裡吐出絲線，做出層層重疊、堅固無比的「絲帶」纏繞在頭上支撐身體。

蛻皮之後邁向終齡。

只要一察覺到危險，就會伸出鮮豔的紅色肉角。

如同魔鬼氈黏在樹枝上的屁股，以及用絲線緊緊懸掛在樹枝上的前蛹。

蛹

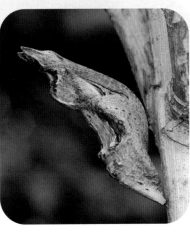

蛹體約 37mm，比柑橘鳳蝶大，而且會往後仰，蛹的顏色通常會隨著所在環境改變。

只要進入前蛹期，通常隔天就會直接化蛹。

下一頁繼續

羽化的雄蟲。當蛹殼裂開，準備開始羽化時會發出一聲小小的「啵」！眨眼間，成蟲展翅飛舞。

啵！

成蟲

雌蟲

展開翅膀的雌蟲。

雄蟲

在河邊吸水的雄蟲。

好漂亮的蝴蝶喔！

沖繩石垣島的雌蟲，後翅的紅色花紋非常明顯。

黑鳳蝶的雌蝶與雄蝶相比，後翅的紅色花紋非常明顯。特別是沖繩石垣島和西表島的黑鳳蝶，紅色花紋範圍非常大，簡直就像另一種黑鳳蝶。

博士的觀察筆記

飛到杜鵑花上的成蟲正伸出口器準備吸食花蜜。

蟲蟲檔案 4

不可以吃我！幼蟲和成蟲都帶著毒武裝

麝鳳蝶

Atrophaneura alcinous

幼蟲吃馬兜鈴長大。馬兜鈴是一種有毒植物，毒素會殘留在牠們體內。成蟲會故意飛得很慢，彷彿在告訴天敵「我有毒，不要隨便吃我喔！」

分類 鱗翅目鳳蝶科	**前翅長度** 42～60mm
出現地區 本州、四國、九州、琉球群島	
出現時期 （成蟲）4～9月、（幼蟲）5～10月	
世代 一年一～四代	**幼蟲的寄主植物** 馬兜鈴　**越冬型態** 蛹

卵

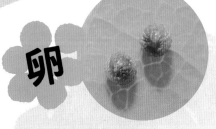
產在馬兜鈴葉片上的卵，直徑大約 1.4mm。

在馬兜鈴的莖上爬行的終齡幼蟲，大約 40mm。
終齡

在馬兜鈴的苗木上產卵的雌蟲，腹部帶有紅色，警告大家有毒。

幼蟲

幼蟲的肉角是橘色的，而且比其他鳳蝶短。

蛹

麝鳳蝶的蛹看起來就像手被綁住的人，在日本又稱為「阿菊蟲」。*註。大約 30mm。

雌蟲的翅膀是黃灰色至暗灰色。

雄蟲
雌蟲

雄蟲是黑色的。

成蟲

* 註：日本民間傳說，有位名為阿菊的女性死後，亡魂幻化成麝鳳蝶的蛹。

跟著校園的樟樹悄悄長大

青鳳蝶

Graphium sarpedon

青鳳蝶經常在樹木和花朵間快樂飛舞。公園和校園中常見的樟樹是幼蟲成長的地方，不過這些幼蟲和蛹看起來幾乎跟葉子一模一樣，所以不熟悉牠們的人很難發現。

分類 鱗翅目鳳蝶科	前翅長度 32～45mm
出現地區 本州、四國、九州、琉球群島	
出現時期 （成蟲）5～9月、（幼蟲）5～10月	世代 一年二～四代
幼蟲的寄主植物 樟樹、薂肉桂（日本肉桂）	越冬型態 蛹

廬山眞面目。

四齡

停留在樟樹葉上的四齡幼蟲，看起來像留著鬍子的老爺爺，大約20mm。

卵

樟樹葉上的卵，直徑大約1.2mm。

二齡

幼蟲

在肉桂葉背的二齡幼蟲，大約 6mm。

終齡（五齡）

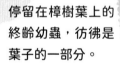

停留在樟樹葉上的終齡幼蟲，彷彿是葉子的一部分。

蛹

蛹體為黃綠色，上頭有長長的突起。大約 30mm。

正在吸食一年蓬花蜜的成蟲，青色條紋的部分沒有鱗片，所以顯示翅膀的底色青色。*註

成蟲

*註：青鳳蝶翅膀腹面的青色區域還是有鱗片，在顯微鏡下觀察是透明的喔！

這可不是紋白蝶喔！

紋黃蝶

Colias erate

在 明亮的草地上盡情飛舞的黃色蝴蝶。有些雄蝶是白色的，與紋白蝶（→ p.22）相似，很容易混淆。幼蟲也像紋白蝶，不過吃的植物不同。

分類	鱗翅目粉蝶科	前翅長度	22～33mm

出現地區	北海道、本州、四國、九州、琉球群島

出現時期	（成蟲）3～11月、（幼蟲）全年

世代	多代	幼蟲的寄主植物	白三葉草、野豌豆	越冬型態	幼蟲

卵

產在白三葉草上的卵。初期為白色，會慢慢轉變成黃色，快孵化時會變成紅色，大約長 1.4mm。

幼蟲

從二齡蛻皮成為三齡，大約 7mm。

三齡

終齡（五齡）

一齡

一齡幼蟲，大約 2mm。

正在吃白三葉草葉片的終齡幼蟲，大約 30mm，側邊的粉彩色條紋看起來相當時尚。

蛹

蛹體是亮綠色，蛹殼通常附在寄主植物的莖幹上，大約 20mm。

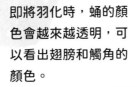

即將羽化時，蛹的顏色會越來越透明，可以看出翅膀和觸角的顏色。

成蟲

雄蟲

雌蟲

一邊飛翔一邊向停留在葉子上的雌蟲求偶的雄蟲。雌蟲有和圖片一樣的白色，也有和雄蟲相似的黃色。

會大口吃掉高麗菜,很會大便、食量很大的毛毛蟲

紋白蝶

Pieris rapae

在田野和菜園翩翩飛舞的白色蝴蝶。幼蟲是綠色的,菜園裡的高麗菜及白菜如果有孔洞,通常都能找到牠們的身影。紋白蝶幼蟲非常好養,而且排出的糞便水分多,所以菜葉會較難清洗。

分類 鱗翅目粉蝶科	前翅長度 20～30mm

出現地區 北海道、本州、四國、九州、琉球群島	出現時期 (成蟲)3～11月、(幼蟲)4～11月

世代 多代	幼蟲的寄主植物 高麗菜、油菜	越冬型態 蛹

卵

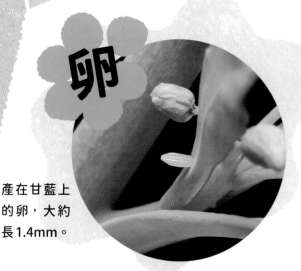

產在甘藍上的卵,大約長1.4mm。

幼蟲蛻皮四次後就會進入終齡。

一齡

一齡幼蟲,大約2mm。

終齡(五齡)

幼蟲

終齡幼蟲,大約30mm。

蛹

蛹有小小的刺，蛹的顏色取決於蛹的所在位置，綠色、灰色、灰棕色都有可能，大約 20mm。

形狀變化很大耶！

將絲線纏繞在身體上，準備化蛹的前蛹。

即將羽化時，蛹可以看見翅膀圖案。只要腹節變長，就代表蛹已經準備好羽化了。

成蟲

成蟲剛破蛹而出的時候翅膀會皺成一團，但是成蟲會立刻輸送體液，讓翅膀舒展開來。這個時候成蟲的屁股會分泌棕色的水滴，是體內剩餘的體液，叫做蛹便。

蛹便

飛到北美一枝黃花上的成蟲。

停留在狗尾草上交配的成蟲，上面是雄蟲，下面是雌蟲。

博士的
觀察筆記

日本新年擺飾常用的甘藍是十字花科，也是紋白蝶幼蟲的最愛。所以新年擺飾如果擺到春天，說不定就會布滿綠色的毛毛蟲，大家可以好好觀察一下。

會耍雙節棍、一身好功夫的毛毛蟲

銀灰蝶

Curetis acuta

喝—

翅膀背面潔白一片的蝴蝶。翅膀的背面是深棕色，雄蟲有橘色的花紋，雌蟲則是水藍色。幼蟲的外型像海蛞蝓，只要一察覺到危險，就會從尾部的突起伸出兩根長了毛的物體，彷彿雙節棍不停甩動，以恐嚇對方。

分類 鱗翅目灰蝶科	前翅長度 19～27mm
出現地區 本州、四國、九州、琉球群島	出現時期 （成蟲）全年、（幼蟲）5～9月
世代 一年二～四代	幼蟲的寄主植物 野葛、多花紫藤、胡枝子	越冬型態 成蟲

產在多花紫藤嫩葉上的卵就像一顆卡在凹槽的小高爾夫球，直徑大約 1mm。

幼蟲

二齡

二齡幼蟲，角狀突起是其他灰蝶沒有的特徵，大約 5mm。

躲在野葛花穗中的終齡幼蟲。

終齡
（四齡）

卵

幼蟲只要受到刺激，角狀突起就會伸出宛如雙節棍、頂端長著細毛的東西，並且快速揮舞威嚇對方。

外型就像海蛞蝓，突出的一端是尾部，比較平坦的一端是頭部，大約 20mm。

前蛹，會和幼蟲一樣揮舞雙節棍般的突起。

蛹

蛹體是綠色的，圓圓滾滾的樣子看起來就像麻糬，大約15mm。

蛹的腹部

從前蛹變成蛹，剛蛻皮的蛹通常都是這個模樣，但是一段時間之後就會變得越來越飽滿。

外型圓滾滾的蛹真的很可愛耶！

成蟲

在潮溼的地面上吸水的雄蟲，翅膀背面相當雪亮。

雄蟲

雌蟲

雌蟲，翅膀背面的花紋顏色和雄蟲完全不同，只要熟知這點，就可以區分雌雄。

雄蟲。

博士的
觀察筆記

銀灰蝶的體型比其他灰蝶科的蝴蝶大，飛舞的姿態也非常活潑，乍看之下會誤以為是蛺蝶科的蝴蝶，過去歸類時自成一科，也就是「銀灰蝶科」。

喜歡大草原的蝴蝶親子檔

紅灰蝶

Lycaena phlaeas

習慣在明亮草原低處飛舞的紅色小蝴蝶。幼蟲外型呈草鞋狀，有的全身都是綠色的，有的則是摻雜粉紅色。圓形的半透明咬痕是特色，以這個為線索比較容易找到牠們。

分類 鱗翅目灰蝶科	前翅長度 13～19mm

出現地區 北海道、本州、四國、九州、種子島、屋久島

出現時期 （成蟲）3～11月、（幼蟲）全年

世代 多代	幼蟲的寄主植物 酸模、羊蹄菜	越冬型態 幼蟲

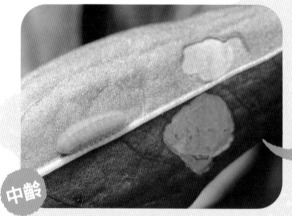

中齡

酸模葉上的中齡幼蟲，河堤及田埂旁經常看到牠們的蹤影，只吃葉片背面的表層，所以會留下圓形的半透明咬痕，大約 4mm。

幼蟲

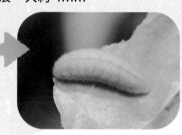

終齡

到了終齡通常會從葉片邊緣開始啃食，大約 15mm。

展開翅膀的春型成蟲。

成蟲

蛹

蛹的形狀像不倒翁，有淺綠色、棕色和深棕色等各種顏色，大約 10mm。

羽化的成蟲。

停留在一年蓬花上的夏型成蟲，顏色比春型黑。

利用甜蜜的汁液賄賂螞蟻以保護自己

日本紫灰蝶

Arhopala japonica

經常在橡樹周圍飛舞，幼蟲的屁股附近有蜜腺，會分泌甜蜜的汁液（蜜露）給螞蟻吃，並且以此當作報酬，請螞蟻保護自己，以免遭受天敵攻擊，是懂得未雨綢繆，利用蜜露賄賂螞蟻當保鑣的毛毛蟲。

分類 鱗翅目灰蝶科	前翅長度 14～22mm
出現地區 本州、四國、九州、琉球群島	
出現時期 （成蟲）全年、（幼蟲）5～9月	
世代 一年一～四代	幼蟲的寄主植物 青剛櫟、枹櫟
越冬型態 成蟲	

等待蜜露的螞蟻

被堅硬雙針家蟻保護的終齡幼蟲，大約 17mm。

終齡

幼蟲

被大阪舉尾蟻保護的中齡幼蟲，大約 10mm。

中齡

蛹

蛹是淡棕色的，大約 12mm。

吸食葉片水滴的成蟲。翅膀腹面呈棕色，是一種保護色。

成蟲

成蟲的翅背上有美麗的紫色花紋。

春夏會換裝的時尚達人

寬帶燕灰蝶

Rapala arata

春型成蟲的翅膀腹面有清晰漂亮的條紋，夏型成蟲的條紋則較黯淡而且偏棕色。幼蟲喜歡吃各種樹木的花苞及花朵，是懂得享受美食的毛毛蟲。

分類 鱗翅目灰蝶科	前翅長度 16～21mm
出現地區 北海道、本州、四國、九州	
出現時期 （成蟲）3～8月、（幼蟲）4～9月	世代 一年二代
幼蟲的寄主植物 多花紫藤、齒葉溲疏、野薔薇等植物的花朵和花苞	
越冬型態 蛹	

卵

在齒葉溲疏花苞中發現的卵。形狀像饅頭，直徑大約 0.6mm。

這個就是卵！

終齡 幼蟲

停留在多花紫藤上的終齡幼蟲，體色豐富，有的是淺綠色，有的則帶一點紅色，大約 18mm。

蛹

剛化蛹的蛹。只要時間一過，就會變成棕色，大約 12mm。

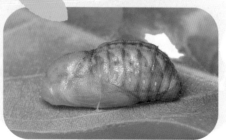

羽化的夏型成蟲，翅膀顏色比較黯淡。

成蟲

春型成蟲。

在齒葉溲疏花苞上產卵的雌蝶。

蟲蟲檔案

12

齒輪形狀的卵？拿放大鏡看看吧！

斑精灰蝶

Artopoetes pryeri

成蟲的翅膀腹面有兩排黑色斑點，幼蟲的食物是水蠟樹及斑葉女貞的葉子，背部隆起，形狀奇特，外型像齒輪的卵也非常有趣。

| 分類 鱗翅目灰蝶科 | 前翅長度 17～25mm |
| 出現地區 北海道、本州、四國、九州 |
| 出現時期 （成蟲）5～7月、（幼蟲）2～5月 | 世代 一年一代 |
| 幼蟲的寄主植物 水蠟樹、斑葉女貞 | 越冬型態 卵 |

卵

產在水蠟樹枝幹上的卵是齒輪狀的，牠們通常會集中在樹枝的分叉處產卵，不過卵的直徑只有1mm，所以觀察時記得帶放大鏡喔！

幼蟲

終齡幼蟲，大約18mm。 終齡

成蟲

正在吸食水蠟樹花蜜的成蟲。

蛹

在水蠟樹的葉片背面化蛹，大約13mm。

在斑葉女貞上產卵的雌蝶。

在水餃形狀的巢穴成長，蛻變成耀眼的成蟲！

日本檜翠灰蝶

Neozephyrus japonicus

不可以吃喔！

雄蟲的翅膀就像寶石中的祖母綠，是帶有金色光澤的翠綠色，非常美麗。雌蟲的翅膀是黑色的，但是點綴著藍色及紅色的花紋。幼蟲會捲起赤楊的葉片封起來當作巢穴，把自己關在裡面，看起來就像一顆水餃。

| 分類 | 鱗翅目灰蝶科 | 前翅長度 | 16～23mm |

| 出現地區 | 北海道、本州、四國、九州 | 出現時期 | （成蟲）6～8月、（幼蟲）4～6月 |

| 世代 | 一年一代 | 幼蟲的寄主植物 | 赤楊、遼東檜木 | 越冬型態 | 卵 |

中齡 從巢穴中探出頭來的中齡幼蟲。

將赤楊的葉片封起來，看起來像水餃的巢穴。

卵

產在赤楊細枝上的卵。形狀像饅頭，上面覆蓋一層細小的突起，直徑大約0.8mm。

終齡 躲在巢穴中的終齡幼蟲，大約20mm。

幼蟲

直接用地上的落葉
不就可以化蛹了？

前蛹是明亮的翠綠
色，大約 12mm。

蛹

蛹是淡棕色，上面有著
細小的暗棕色及黑色花
紋，大約 12mm。

破蛹而出的雌蟲會立
刻移動，尋找可以伸
展翅膀的地方。

成蟲

正在擴大勢力範圍的雄蟲，只要雌
蟲出現在附近，就會立刻起身飛舞
追逐。雖然也會追著其他雄蟲或昆
蟲跑，但有人說這並不是在打鬥或
是追趕，而是誤以為牠們是雌蟲。

擁有藍色花紋的雌蟲，除
此之外，有的擁有紅色花
紋，有的則是藍紅兩色都
有。也有金黑且花紋不明
顯的成蟲。

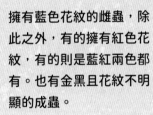

準備展翅飛翔
的雄蟲。

雄蟲的翅膀呈金綠色，非常美
麗。亮度和色彩會隨著觀看的
角度不同而改變。

雌蟲

下圖從左至右為：
翅膀完全伸展開的
雄蟲、蛹殼、幼蟲
蛻殼。

雄蟲

身體幾乎全黑的雌蟲，只
要仔細觀察，就能隱隱看
到上頭的紅色花紋。

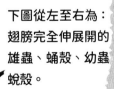

 博士的
觀察筆記

雄蟲在傍晚會特別活躍，飛行速度非常快，而且通常會停留在樹木的高處，
不太容易觀察。有時候早上會展開翅膀飛到草叢裡，早起的話，說不定有機
會觀察到那對金綠色的美麗翅膀。

優雅的長途飛翔旅行、浪漫無比的蝴蝶

大絹斑蝶（青斑蝶）

Parantica sita

要等我回來喔！

以長途旅行而聞名，能夠飛行好幾百公里的蝴蝶。體型比柑橘鳳蝶大一號，總是輕飄飄的慢慢飛舞。幼蟲身上排列著黃色和白色的花紋，非常美麗。但是如果生活在像北海道那樣寒冷的地方，恐怕會無法度過冬天。

分類 鱗翅目蛺蝶科	前翅長度 43～65mm

出現地區 北海道、本州、四國、九州、琉球群島

出現時期 （成蟲）4～11月、（幼蟲）全年	世代 一年二～四代

幼蟲的寄主植物 假防己、牛皮消	越冬型態 幼蟲

假防己葉上的咬痕與三齡幼蟲。幼蟲小時候會留下一個圓形的咬痕，長大之後會大口的咬葉片。圓形的咬痕相當特別，是尋找幼蟲的線索。不過就算找到咬痕，幼蟲通常不會在旁邊，因此要有點耐心。

二齡

三齡

幼蟲

正在吃假防己葉片的二齡幼蟲。牠們會先咬一個圓形的痕跡，再慢慢把內側吃掉，大約 10mm。

終齡（五齡）

食慾旺盛的終齡幼蟲，大約 40mm。

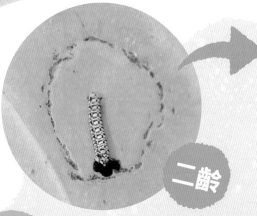

剛蛻皮的終齡幼蟲正在吃蛻下來的皮。

將屁股黏在假防己葉片背面，懸掛在上面的前蛹。

即將羽化時可以看出翅膀圖案的蛹。

蛹

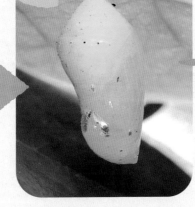

蛹呈明亮的黃綠色，就像圓滾滾的不倒翁，大約 25mm。

好美麗喔！

成蟲

雌蟲

雄蟲

剛羽化的雌蟲懸掛在蛹殼上，準備伸展翅膀。

雄蝶後翅有淡淡的黑色花紋。

正在吸食澤蘭花蜜的雄蝶。花蜜的毒素會殘留在牠們體內。

博士的

觀察筆記

為了研究長途飛行的蝴蝶會花多久時間飛往何處，日本學者特地為此進行標記調查（在捉到的蝴蝶翅膀上做記號，調查牠們是什麼時候在哪裡被發現的）。所以若有機會看到這種蝴蝶，不妨檢查看看牠們的翅膀有沒有密碼之類的文字記號。

和外表完全不一樣，不管是幼蟲還是成蟲都沒有毒

斐豹蛺蝶

Argyreus hyperbius

牠們的幼蟲看起來好像有毒，但其實是騙人的。另外，雌蟲的外表雖然很像有毒的樺斑蝶，但是也沒有毒性。幼蟲會吃路邊的菫菜及庭園的三色菫長大。

分類 鱗翅目蛺蝶科	前翅長度 27～38mm
出現地區 本州、四國、九州、琉球群島	
出現時期 （成蟲）4～11月、（幼蟲）全年	世代 多代
幼蟲的寄主植物 三色菫、菫菜	越冬型態 幼蟲

中齡 靜靜停留在路上的中齡幼蟲，大約 20mm。

終齡

蛹

蛹呈現淺棕至深棕色，身上還帶有金色的刺，大約 30mm。

幼蟲

正在吃菫菜葉的終齡幼蟲。看起來好像有毒，但其實是無毒的，身上的刺很柔軟，即使碰到也不會痛，大約 40mm。

雌蟲

參考 被視為擬態範本之一的虎斑蝶是生活在琉球群島的南國蝴蝶。

交配的成蟲。左邊是雌蟲，右邊是雄蟲。

雄蟲

成蟲

雌蝶前翅有黑白相間的條紋。斐豹蛺蝶的外觀與毒蝶樺斑蝶、虎斑蝶非常相像，因此能夠保護自己，不受鳥類等天敵攻擊。

停留在一年蓬上方的雄蟲。

幼蟲的尖刺是裝飾用的

琉璃蛺蝶

Kaniska canace

成 蟲常常停留在地面上，但是警戒心非常高，只要一有東西靠近就會立刻飛走。幼蟲身上長滿尖刺，感覺摸到會很痛，但其實並不刺人。

分類	鱗翅目蛺蝶科	前翅長度	25～44mm

出現地區	北海道、本州、四國、九州、琉球群島

出現時期	（成蟲）全年、（幼蟲）5～10月

世代	一年一～三代	幼蟲的寄主植物	菝葜、油點草

越冬型態	成蟲

一齡

一齡幼蟲，大約 5mm。

正在吃菝葜葉的中齡幼蟲，大約 15mm。

中齡

蛹

蛹受到刺激的時候會左右扭動，威嚇對方，大約 34mm。

幼蟲

終齡

終齡幼蟲身上有紅色的細緻花紋及白色尖刺，非常美麗，大約 40mm。

成蟲

成蟲停留的時候通常會展開翅膀。

吸食樹液的成蟲，翅膀合起來的時候簡直和樹皮一模一樣。

卵

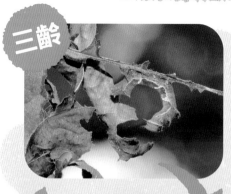

產在清風藤樹葉片上的卵，
直徑大約 1mm。

三齡

身體往後仰，化身為葉子碎片的三齡幼蟲，大約 14mm。
小小的身體拼命後仰，靜止不動的模樣實在是太可愛了。

一齡

一齡幼蟲，大約
5mm，幼齡時
會緊緊貼在吃剩
的葉脈上。

二齡

二齡幼蟲，
大約 10mm。

四齡

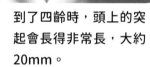

幼蟲

到了四齡時，頭上的突
起會長得非常長，大約
20mm。

蟲蟲蟲
檔案
17

化蛹後會喬裝成枯葉的小丑毛毛蟲

流星蛺蝶

Dichorragia nesimachus

成蟲翅膀上的花紋彷彿流星，因而取名為流星蛺蝶。幼蟲頭部有長長的突起，看起來和小丑一樣逗趣。蛹體的外觀很像被蟲蛀過的枯葉，這樣的奇特昆蟲非常難得一見。

分類	鱗翅目蛺蝶科	前翅長度	31～44mm

出現地區	本州、四國、九州、琉球群島

出現時期	（成蟲）5～8月、（幼蟲）6～10月	世代	一年二代

幼蟲的寄主植物	清風藤、薄葉泡花樹	越冬型態	蛹

終齡（五齡）

蛻皮之後過段時間就會變成這個樣子。

長相非常奇妙，就連屁股的形狀也很奇特。

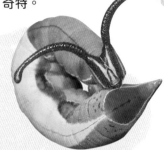

剛蛻皮的終齡幼蟲頭部呈白色。突起會變得非常長，相當特別。

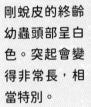

終齡幼蟲年紀越大，身體的顏色就會從棕色變成綠色。身上的花紋像是 3D 藝術，看起來就像落葉，大約 55mm。

蛹

懸掛在樹枝上的蛹看起來就像枯葉。身上有個圓洞，應該是模仿被啃食的模樣，大約 30mm。

吸飲樹液的成蟲。

成蟲

成蟲擁有紅色的口器。

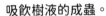

博士的觀察筆記

這種蝴蝶在日本叫做「流墨蛺蝶」，臺灣則把牠們叫做「流星蛺蝶」。仔細一看，翅膀上的花紋看起來還真的很像流星呢！生物的取名會因為國家不同而有所差異，還挺有趣的，對吧？

四齡

實際大小

四齡幼蟲的頭部

在朴樹枝幹上爬行的四齡幼蟲，有時會在公園低矮的朴樹上發現牠們，大約 20mm。

進入深秋後，身體的顏色會隨著時間從綠色變成棕色。

幼蟲

蟲蟲檔案 18

到公園找找看有著兔子臉的毛毛蟲

擬斑脈蛺蝶

Hestina persimilis

呃……

成蟲經常出現在會滲出樹液的樹上。幼蟲頭部有長長的突起，看起來像兔子，可愛又逗趣。秋天出生的幼蟲只要快到冬天，身體就會慢慢變成棕色，並且躲在落葉底下過冬。春天一到就會爬到樹上，身體也會變成和嫩葉一樣的顏色。

分類 鱗翅目蛺蝶科	前翅長度 35～50mm	出現地區 北海道、本州、四國、九州
出現時期 （成蟲）5～9月、（幼蟲）全年	世代 一年一～三代	
幼蟲的寄主植物 朴樹、狹葉朴	越冬型態 幼蟲	

為了過冬而攀附在朴樹樹幹上的四齡幼蟲，身體已經完全變成棕色。

夏型的終齡幼蟲，大約 40mm。

夏型終齡幼蟲的頭部。

好可愛的臉喔！

還差幾步就到了！幼蟲只要一到地面，就會開始尋找安全的地方躲起來。

終齡（五齡）

春型的終齡幼蟲。剛蛻皮時紅色部分較深，但是會隨著成長慢慢變淡。背面的突起有三對。

在落葉底下過冬的四齡幼蟲，大約 20mm。

蛹

懸掛在朴樹葉片背面的蛹，大約 30mm。

成蟲小心翼翼的躲在中華大虎頭蜂背後，偷偷吸食麻櫟樹液。

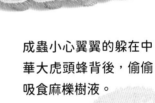

成蟲

展開翅膀的成蟲。

你看！蝴蝶過來吸食麻櫟及枹櫟的樹液了。

博士的觀察筆記

公園偶爾會出現擬斑脈蛺蝶的幼蟲，不過牠們通常躲在落葉下過冬，所以會不小心連同落葉被打掃人員清走。如果想要找幼蟲，不常清掃的公園或許比較有機會喔！

不輸給甲蟲！力氣超大的蝴蝶

大紫蛺蝶

Sasakia charonda

日本的國蝶（代表國家的蝴蝶），幼蟲的外型非常像擬斑脈蛺蝶的幼蟲（→ p.38），雄蟲的翅膀呈青紫色，非常搶眼。雌蟲顏色偏黑，而且體型碩大。

分類 鱗翅目蛺蝶科	前翅長度 43～68mm
出現地區 北海道、本州、四國、九州	
出現時期 （成蟲）6～8月、（幼蟲）8～隔年5月	世代 一年一代
幼蟲的寄主植物 朴樹、狹葉朴	越冬型態 幼蟲

幼蟲

躲在朴樹落葉底下過冬的四齡幼蟲，體型比擬斑脈蛺蝶小，大約 15mm。

四齡

終齡（六齡）

四齡幼蟲的頭部

終齡幼蟲（六齡），體型比擬斑脈蛺蝶（通常五齡為終齡）大一圈，背面的突起有四對，大約 55mm。

卵

產在朴樹葉背面的卵，直徑大約 1.5mm。

蛹

懸掛在葉片背面的蛹，大約 40mm。

成蟲

雄蟲。

雄蟲

與甲蟲一起吸食麻櫟樹液的雄蝶。

雌蝶全身都是黑色的，體型比雄蝶大。

雌蟲

棲息於山上、一臉驚訝的紅角幼蟲

姬黃斑黛眼蝶
Lethe callipteris

成蟲經常在山區及高原上吸食花蜜。幼蟲習慣躲在葉片的背面。幼蟲的臉胖胖的，頭頂上還有一對紅色的突起，看起來相當俏皮可愛。

| 分類 鱗翅目蛺蝶科 | 前翅長度 25～34mm |

出現地區 北海道、本州、四國、九州

出現時期 （成蟲）5～9月、（幼蟲）全年　世代 一年一～二代

幼蟲的寄主植物 維氏赤竹、根曲竹　越冬型態 幼蟲

幼蟲

躲在赤竹葉背面的三齡幼蟲。頭部的突起非常小，大約15mm。

終齡幼蟲的頭部。

終齡幼蟲頭上的紅色突起非常醒目，大約35mm。

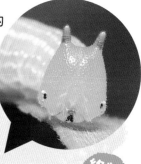

三齡

終齡
（六齡）

蛹

將屁股黏在赤竹葉背面，準備化為前蛹。

化蛹中，幼蟲的頭部朝下。

蛹體為黃綠色，上面有白色條紋，大約17mm。

成蟲

正在吸食澤蘭花蜜的成蟲。

剛羽化的成蟲。

卵

產在赤竹葉背面的卵，快孵化時幼蟲的外貌會越來越清楚，直徑大約1mm。

陸續孵化的一齡幼蟲。

一齡

幼蟲

排列在赤竹葉上的一齡幼蟲，大約3.5mm。

蟲蟲檔案 21

從貓臉變成熊臉！

鄉村蔭眼蝶

Neope goschkevitschii

我先走了！

真好！

經常在住家附近或小林地中看到的蝴蝶。雌蝶會將卵密密麻麻的產在赤竹葉背面，所以這些小小的幼蟲通常會成群出現。幼蟲的外貌會隨著成長越來越像貓，最後則會變成類似熊的外貌。

分類	鱗翅目蛺蝶科	前翅長度	26～39mm

出現地區	北海道、本州、四國、九州	出現時期	（成蟲）5～9月、（幼蟲）6～10月

世代	一年一～二代	幼蟲的寄主植物	青苦竹、剛竹	越冬型態	蛹

二齡

二齡幼蟲的頭頂會長出小小的突起，大約 8mm。

四齡幼蟲大約 17mm。

四齡

真的是太可愛了！

圓滾滾的終齡幼蟲，約 30mm，化蛹之前會長到 40mm 左右。

三齡

三齡幼蟲的頭部，體長約 12mm。

終齡
（五齡）

蛹

成熟的終齡幼蟲會在落葉中變成前蛹。前蛹被觸碰的時候會強烈搖晃身體，嘴巴大大張開，以威嚇對方。

蛹體的形狀圓滾滾的，屁股雖然會黏在落葉上，但是很容易脫落，掉在地上滾動，大約 16mm。

交配的成蟲。

成蟲

成蟲的翅膀圖案複雜，相當美麗。

博士的
觀察筆記

日本山區及北日本地區有種蝴蝶叫做金色蔭眼蝶，外型跟鄉村蔭眼蝶非常像，不管是幼蟲還是成蟲都很難區別。但是與鄉村蔭眼蝶相比，金色蔭眼蝶幼蟲的體型比較苗條，成蟲的翅膀偏黑，斑紋的排列方式也稍微有點不同。

躲在赤竹葉裡，討人喜歡的小妖怪

月神黛眼蝶

Lethe diana

經常在昏暗處看到的蝴蝶。成蟲習慣聚集在樹液或動物糞便上。幼蟲頭部有個尖銳的突起，看起來像個小妖怪。屁股也有突起，往往讓人分不清楚哪一邊是頭、哪一邊是尾巴。

分類 鱗翅目蛺蝶科	前翅長度 23～33mm

出現地區 北海道、本州、四國、九州

出現時期 （成蟲）5～9月、（幼蟲）全年	世代 一年一～四代

幼蟲的寄主植物 川竹、青苦竹	越冬型態 幼蟲

卵

產在赤竹葉背面的卵，直徑大約1mm。

二齡

二齡幼蟲大約10mm。

三齡

正在吃赤竹葉片的三齡幼蟲，大約15mm。

幼蟲

二齡幼蟲的頭部。

終齡（四～五齡）

終齡幼蟲，有的是棕色，有的是綠色，大約35mm。

終齡幼蟲的頭部。

蛹

將屁股黏在赤竹葉並將身體捲起來，化為前蛹。

剛開始化蛹的蛹是白色的。

蛹會隨著時間慢慢變成棕色，大約20mm。

成蟲

剛羽化的雄蟲。

躲在暗處的可愛小黑貓

眉眼蝶

Mycalesis francisca

成蟲習慣在暗處靠著地面緩緩飛舞。幼蟲通常會躲在求米草的葉片背面，而且外型就像是一條擁有黑貓臉的毛毛蟲。

分類 鱗翅目蛺蝶科	**前翅長度** 20～30mm	
出現地區 本州、四國、九州		
出現時期（成蟲）5～9月、（幼蟲）全年	**世代** 一年二～三代	
幼蟲的寄主植物 求米草、柔枝莠竹	**越冬型態** 幼蟲	

幼蟲

四齡

剛蛻皮的四齡幼蟲，頭是白色的。蛻下的頭殼還黏著，看起來就像戴著小面具。

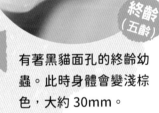
終齡
（五齡）

三齡

躲在求米草葉片背面的三齡幼蟲，大約 14mm。

只要時間一過，頭就會慢慢變黑。

有著黑貓面孔的終齡幼蟲。此時身體會變淺棕色，大約 30mm。

蛹

前蛹帶有一點綠色。

蛹是明亮的黃綠色，屁股尾端是紅棕色，大約 14mm。

成蟲

剛羽化的雄蟲。

蛹殼。

愛玩捉迷藏但又躲不好的毛毛蟲

玉帶弄蝶

Daimio tethys

成蟲的身體粗壯，停留的時候通常會展開翅膀，經常讓人誤以為是蛾。幼蟲會把日本薯蕷的葉子折疊之後躲在裡面，所以很容易找到。

分類 鱗翅目弄蝶科	**前翅長度** 15～21mm
出現地區 北海道、本州、四國、九州	
出現時期 （成蟲）4～10月、（幼蟲）全年	**世代** 一年二～三代
幼蟲的寄主植物 日本薯蕷、山萆薢	**越冬型態** 幼蟲

卵

產在日本薯蕷葉片背面上的卵，直徑大約1mm，身上覆蓋著一層毛，就算是西伯利亞琉璃蟻也束手無策。

二齡幼蟲，大約6mm。

二齡

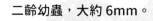

幼蟲

剛蛻皮的四齡幼蟲，大約10mm。

四齡

終齡
(五～七齡)

將山萆薢的葉片折疊做成巢穴的終齡幼蟲。

躲在巢穴裡的終齡幼蟲，大約30mm。

蛹

蛹呈淺棕色，上面覆蓋著粉末，有一個看起來像是被刮傷的白色痕跡，大約20mm。

成蟲

在日本薯蕷的葉片上產卵的雌蟲會先用屁股摩擦卵，再用身體的毛覆蓋卵。

吸食花蜜的成蟲。

一起尋找用捲起的芒草葉做成的巢穴吧！

曲紋黃斑弄蝶

Potanthus flavus

成蟲會在草原或林地附近活動飛舞、吸食花蜜，也會聚集在鳥糞上。幼蟲會捲起茅草的葉子做出像吸管的巢穴，並且躲在裡頭。

分類 鱗翅目弄蝶科	前翅長度 13～17mm

出現地區 北海道、本州、四國、九州、琉球群島

出現時期 （成蟲）6～9月、（幼蟲）7～8月&9～隔年5月

世代 一年二代	幼蟲的寄主植物 芒草、狗尾草	越冬型態 幼蟲

幼蟲

幼蟲的頭部，頭部的花紋可以用來區別其他相似種類的幼蟲。

好奇特的形狀喔！

蛹

將葉子捲成筒狀的巢穴，並在裡面化蛹，大約18mm。

終齡　雄蟲的終齡幼蟲，雄蟲幼蟲的背面有個橘色的精巢，大約30mm。

將芒草葉子捲起來做成巢穴，躲在裡頭的幼蟲。

正在吸食一年蓬花蜜的成蟲，牠們停留時通常會豎起前翅，展開後翅。

夾在褐弄蝶（左）和稻弄蝶（右）中間，正在吸食鳥糞汁液的成蟲。

成蟲

雄蟲。

幼蟲

將清風藤的葉片摺成巢穴的幼蟲,這些小小的幼蟲巢穴有許多小孔洞排列。

三齡

實際大小

躲在巢穴裡的三齡幼蟲,大約 8mm。

五齡幼蟲,大約 30mm。

五齡

蟲蟲檔案 26

幼蟲的頭和成蟲的翅膀上竟然有瓢蟲!

綠弄蝶

Choaspes benjaminii

是同類嗎?

體型碩大、格外美麗的弄蝶,經常在早晨和黃昏時分飛翔,吸食白色花朵的花蜜。幼蟲會躲在用清風藤等植物的葉子做成的巢穴,打開巢穴就會被牠的獨特模樣嚇到後退三步。

分類 鱗翅目弄蝶科	前翅長度 23～31mm
出現地區 本州、四國、九州、琉球群島	
出現時期 (成蟲)5～8月、(幼蟲)6～11月	世代 一年一～二代
幼蟲的寄主植物 清風藤、薄葉泡花樹	越冬型態 蛹

胖嘟嘟的終齡幼蟲，頭部看起來很像七星瓢蟲（→ p.170），非常顯眼，大約 50mm。

牠們沒有毒，可以摸喔！

終齡（六齡）

從巢穴探出頭來的終齡幼蟲，讓幼蟲在裡面長大的巢穴像個垂掛的袋子。

蛹

在黏合的葉片中化蛹，剛化蛹的蛹體是粉紅色的，帶有黃色條紋，大約 24mm。

蛹體也很獨特呢！

經過一段時間後，身上會覆蓋一層蠟狀粉末。

成蟲

成蟲的正面。

成蟲呈青綠色，後翅上的七星瓢蟲花紋和幼蟲頭部一樣。

博士的觀察筆記

就算發現了幼蟲的巢穴，通常都已人去樓空，所以打開巢穴之後要是發現跟瓢蟲一樣的外貌時，一定會和中樂透一樣開心喔！

從蓑巢（巢袋）伸出頭和腳，在枹櫟的葉背移動的雌蟲幼蟲。

幼蟲的頭部是黃褐色的，上面有許多黑色斑紋。

幼蟲

打開蓑巢的樣子。

令人讚嘆的工匠技藝！巧奪天工的蓑巢

微型大蓑蛾

Eumeta minuscula

真是棵好樹！

在山上和公園經常看到的蓑衣蟲就是牠的幼蟲。幼蟲會將細枝及葉柄平行排列，做成蓑巢（巢袋）。雄蟲擁有一對漂亮的觸角及黑色的翅膀，而且外表和普通的蛾一樣。雌蟲沒有翅膀和腳，只會在蓑巢裡度過一生。

分類	鱗翅目蓑蛾科	前翅長度	♂ 12～13mm、♀（體長）20～25mm
出現地區	本州、四國、九州、琉球群島	出現時期	（成蟲）6～8月、（幼蟲）8～隔年6月
世代	一年一代	幼蟲的寄主植物	各種樹木	越冬型態	幼蟲

雄蟲前蛹（剝開
蓑巢的樣子）。

蛹

拖著蓑巢緩慢行走的終齡雄
性幼蟲。幼蟲大約 17mm，
蓑巢大約 30mm。

雄蛹，
大約 13mm。

終齡

從蓑巢中探出頭來的雌蟲終
齡幼蟲。幼蟲大約 25mm，
蓑巢大約 40mm。

雌蛹，
大約 16mm。

剛羽化的雄蟲。
夜晚相當活躍，
會四處飛舞，尋
找待在蓑巢裡的
雌蟲。

成蟲

蛹殼

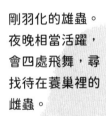

雄蟲

雄蟲的正面。觸
角十分壯觀，可
以感應到雌蟲釋
放的費洛蒙。

總之是居家派的……

雌蟲

從蓑巢取出的雌蟲，沒有翅膀也沒有腳，外
型和蛆一樣，就算變為成蟲，照樣在蓑巢裡
生活，頂多從蓑巢的下方（照片中的左側）
探出頭，釋放費洛蒙來吸引雄蟲。

博士的
觀察筆記

利用費洛蒙找到雌蟲的雄蟲，會將長長的腹部插入蓑巢下方，與雌蟲交配。
不久之後雌蟲會在蓑巢產下大量的卵，任務結束後，就會掉落在蓑巢外面，
結束這一生。

用破破爛爛的蓑巢藏身

蘑菇蓑蛾

Psychidae gen.sp.

幼蟲會製作一個細長又柔軟的蓑巢，通常可以在長滿雙型附毛菌這種蕈菇的朽木上找到。幼蟲的糞便是白色的，可能是因為吃蘑菇長大的關係。

分類 鱗翅目蓑蛾科		前翅長度 大約8mm	
出現地區 本州、九州			
出現時期 （成蟲）6～8月、（幼蟲）9～隔年6月			
世代 一年一代	幼蟲的寄主植物 雙型附毛菌		越冬型態 幼蟲

幼蟲

細長的蓑巢（巢）可以在長滿雙型附毛菌的樹上找到。

從蓑巢中伸出頭來吃雙型附毛菌的老齡幼蟲。

從蓑巢裡拉出來的幼蟲，大約 10mm。

蛹

↑ 蛹在裡面

成熟的幼蟲會咬斷蓑巢，留下根部之後在裡頭化蛹，周圍還留有幼蟲的糞便。

羽化的成蟲，蛹殼從蓑巢裡掉出來了。

成蟲

成蟲的翅膀上有銀白色的邊紋，非常美麗。

吸食蟬的體液長大

名和氏蟬寄蛾

Epipomponia nawai

幼蟲會寄生在蟬的身上，如果在蟬的腹部發現一個奇怪的白色東西，那就是名和氏蟬寄蛾的幼蟲，幼蟲很常見，但是成蟲卻不容易被發現。

分類 鱗翅目蟬寄蛾科	前翅長度 大約 10mm

出現地區 本州、四國、九州、屋久島

出現時期 （成蟲）8～9月、（幼蟲）7～8月

世代 一年一代	幼蟲的寄主植物 寄生在蟬類身上	越冬型態 卵

幼蟲

中齡

附生在日本油蟬（→p.216）肚子上的中齡幼蟲，大約 5mm。產在樹幹裡的卵孵化成幼蟲之後，就會靠近棲息在附近的蟬，並且吸食牠們的體液成長。

寄生在日本暮蟬腹部的兩隻終齡幼蟲，較大的那一隻大約 10mm。

終齡

翻過身來的終齡幼蟲，腹足上的小爪子呈圓形排列，可以緊緊抓住蟬。

從蟬的身上抓下來的終齡幼蟲，覆蓋著一層像白蠟的物質。

蛹

完全成熟的終齡幼蟲會離開蟬，一邊吐絲懸掛身體，一邊從樹上吊下來，在葉片背面或樹幹上製作一個看起來像棉花的白色繭。

剛羽化的成蟲，蛹殼從繭的右側掉出來了。

成蟲的翅膀分布著閃閃發光的銀色斑紋，雌蟲不用交配就可以直接產卵繁殖（孤雌生殖）。

從繭中取出的蛹，大約 8mm。

幼蟲的蛻殼。

成蟲

創造美麗繭的里山藝術家

黃刺蛾

Monema flavescens

幼蟲身上有滿滿的毒刺，一旦被螫到，就會像被電到般覺得麻麻痛痛的，所以又稱為「電蟲」（絕對不可以隨便摸）。牠們的繭很像小小的鵪鶉蛋，在冬天的森林裡很容易找到。

分類	鱗翅目蓑蛾科	前翅長度	13～16mm	出現地區	北海道、本州、四國、九州
出現時期	（成蟲）6～8月、（幼蟲）7～10月			世代	一年一～二代
幼蟲的寄主植物	柿樹、櫻樹類、麻櫟		越冬型態	蛹	

不要碰我！

幼蟲

中齡

中齡幼蟲的頭部

初齡 停留在柿樹葉上的初齡幼蟲，大約 5mm。

停留在栗樹葉片上的終齡幼蟲，大約 25mm。

停留在歐洲山楊葉片上的中齡幼蟲，大約 10mm。

終齡

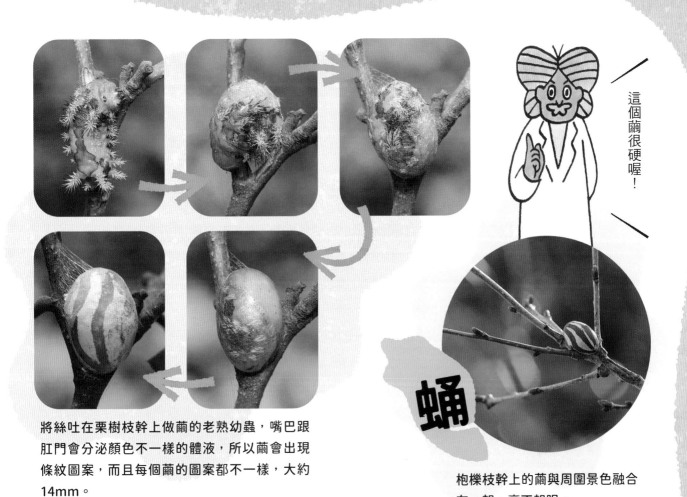

這個繭很硬喔！

蛹

枹櫟枝幹上的繭與周圍景色融合在一起，毫不起眼。

將絲吐在栗樹枝幹上做繭的老熟幼蟲，嘴巴跟肛門會分泌顏色不一樣的體液，所以繭會出現條紋圖案，而且每個繭的圖案都不一樣，大約14mm。

用後腳支撐身體，挺起上半身的成蟲，看起來就像正在休息的老爺爺。

成蟲

羽化的成蟲。繭上有一道圓弧狀的切痕，成蟲會像打開太空船的艙門般從那裡冒出來，繭和成蟲都沒有毒。

博士的
觀察筆記

某天我拿著相機，準備拍攝栗樹上的毛毛蟲時，手背突然感到一陣刺痛，原本以為是被栗子殼刺到，但是過沒多久那股刺痛卻開始變成麻麻的感覺，疼得受不了。我一邊納悶的想：「被衣蛾的毛毛蟲螫到怎麼會這麼痛！」一邊低頭看，結果不是衣蛾，是黃刺蛾的幼蟲……。

發揮團隊合作精神，把葉子全部吃光的幼蟲軍團

球鬚刺蛾

Scopelodes contracta

幼蟲身上有毒刺，有時會大量出現在公園和行道樹上。年齡還小的幼蟲會群聚在葉片背面，迅速啃食葉片，讓葉子馬上枯萎。

分類 鱗翅目刺蛾科	前翅長度 14～17mm

出現地區 本州、四國、九州

出現時期 （成蟲）5～8月、（幼蟲）7～10月	世代 一年二代

幼蟲的寄主植物 櫻樹類、麻櫟、柿樹	越冬型態 前蛹

集體啃食麻櫟葉片的初齡幼蟲，大約 4mm。

終齡

幼蟲

不要碰我！

初齡

身上有一層尖銳毒刺的終齡幼蟲，大約 25mm。完全成長後會咬斷葉片，隨著葉片掉到地上再鑽進淺土中做繭。

羽化的成蟲（右）和黏在繭裡的蛹殼（左）。

成蟲的正面。看起來很像鼻子拉長的部分稱為下唇鬚，下唇鬚的末端長滿了茂密的毛。

蛹

從繭中取出的蛹，大約 12mm。羽化前，尖銳的頭部可以在繭上劃出割痕。

幼蟲的蛻殼。

成蟲

蟲蟲
檔案
32

會分泌有毒黏液，就算被盯上也沒關係！？

東亞新螢斑蛾

Neochalcosia remota

幼蟲的外觀看起來像一輛來自未來的奇幻公車，受到刺激時會分泌有毒的透明黏液。成蟲的顏色很像螢火蟲（→ p.163）。幼蟲會在夏天孵化，但是會以初齡幼蟲的狀態夏眠或過冬，隔年春天才會活動。

分類	鱗翅目斑蛾科		前翅長度	25～30mm

出現地區	北海道、本州、四國、九州

出現時期	（成蟲）6～7月、（幼蟲）6～隔年6月	世代	一年一代

幼蟲的寄主植物	灰木	越多型態	幼蟲

透明的液體

不要碰我！

幼蟲

初齡

在葉子上休息的終齡幼蟲。幼蟲長大後通常會出現在醒目的地方，大約 25mm。

在灰木葉片背面的初齡幼蟲，大約 5mm。

終齡

幼蟲受到刺激時，會從身體各節的體表分泌黏性非常強的透明液體。這些液體的毒性雖然偏弱，但是黏稠度卻能有效阻止天敵攻擊。

成蟲

蛹

剛化蛹的蛹是清爽的檸檬色。

恢復正常顏色的蛹，大約 20mm。

在以葉子捲成的繭中羽化的成蟲。

從腹面看到腹部帶有青藍色。

自在翱翔的黃色毛茸茸昆蟲

中華毛斑蛾

Pryeria sinica

帶有黑色條紋、看起來非常時髦的幼蟲，可以在公園的冬青衛矛上找到牠，成蟲只會在秋季尾聲出現，而且身體還會覆蓋一層黃色或橙色的蓬鬆毛叢，看起來很溫暖。

分類	鱗翅目斑蛾科	前翅長度	12～15mm

出現地區 北海道、本州、四國、九州

出現時期 （成蟲）9～11月、（幼蟲）3～5月　世代 一年一代

幼蟲的寄主植物 衛矛、西南衛矛、冬青衛矛　越冬型態 卵

初齡幼蟲，集體將冬青衛矛的葉片拼湊起來築成巢穴，大約 3mm。

初齡　　終齡

幼蟲

躲在西南衛矛葉片背面的終齡幼蟲，大約 20mm。

繭（左）和蛹（右），牠們會在葉子或牆壁做一個像是紙做的扁平薄繭，並在裡頭化蛹。

蛹

蛹的背面，大約 10mm。

看起來像梳子的雄蟲觸角。

成蟲

雄蟲，橘黃色的毛叢相當鮮豔。翅膀輕薄，呈半透明狀，經常在白天飛行。

將卵產在冬青衛矛枝幹上的雌蟲。

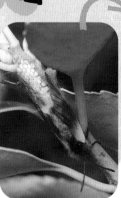

雌蟲會將身體的毛黏在卵上，以進行偽裝。

蟲蟲檔案

34

利用樹液吸引蟲子的肉食性毛毛蟲

蝦夷木蠹蛾

Cossus jezoensis

幼蟲是紅褐色的，而且體軀粗糙，黑色的胸部觸感堅硬。會在麻櫟等樹皮下挖洞，讓樹液滲出，只要有昆蟲聚集而來，就會捕食牠們。

分類 鱗翅目蠹蛾科	**前翅長度** 20～30mm
出現地區 北海道、本州、四國、九州	
出現時期 （成蟲）5～8月、（幼蟲）5～隔年4月	**世代** 一年一代
幼蟲的寄主植物 枹櫟、蘋果、前來吸食樹液的昆蟲	**越冬型態** 幼蟲

幼蟲

爬到樹皮上的幼蟲。

在麻櫟的樹幹上挖洞之後，躲在裡面的幼蟲。

終齡

終齡幼蟲，大約45mm。

削去樹皮做成蛹室之後，在裡頭過冬的老熟幼蟲。

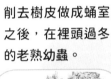

蛹室中的蛹

蛹

從蛹室中取出的蛹，頭頂是尖的。

成蟲

成蟲的側面。

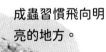

成蟲習慣飛向明亮的地方。

哪一邊是頭？利用奇特的外表欺騙敵人

大麗捲葉蛾

Cerace xanthocosma

幼蟲會將樹葉捲起來，做成巢穴之後躲在裡面。成蟲停留的時候外型像橢圓形，翅膀上的花紋非常細緻而且排列整齊，讓人分不清楚頭在哪一邊。看起來不像蛾，比較像蟑螂。

分類 鱗翅目捲葉蛾科	前翅長度 16～27mm
出現地區 本州、四國、九州、琉球群島	
出現時期 （成蟲）6～10月；（幼蟲）7～8月；10～隔年5月	
世代 一年二代	幼蟲的寄主植物 槭樹類、樟樹、山茶花
越冬型態 幼蟲	

將銳葉新木薑子葉重疊做成巢穴，躲進去的終齡幼蟲。

正在吃栗樹葉片的終齡幼蟲，大約32mm。

幼蟲

終齡

在巢穴中吐絲，懸在空中成為美麗的前蛹。

剛化蛹的蛹。

蛹

雄蟲的頭部

雄蟲

雄蟲（左），最右邊是蛹殼，蛹殼左下方是終齡幼蟲的蛻殼。

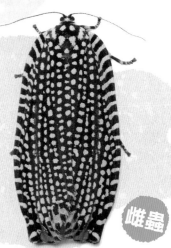

雌蟲

成蟲

雌蟲的體型比雄蟲大且美麗。

集體生活在充滿糞便的角落

棘趾野螟屬昆蟲
Udonomeiga vicinalis

小小的幼蟲會聚集在一起，只吃食用土當歸等植物的葉片。長大後會同心協力將葉片拼湊起來做巢穴，並且躲在裡頭生活，所以巢穴裡會充滿幼蟲的糞便。

| 分類 | 鱗翅目草螟科 | 前翅長度 | 11.5～13.5mm |

| 出現地區 | 北海道、本州、四國、九州 |

| 出現時期 | （成蟲）4～9月、（幼蟲）全年 | 世代 | 一年二代 |

| 幼蟲的寄主植物 | 食用土當歸、萸葉五加屬植物、胡蘿蔔 |

| 越冬型態 | 幼蟲 |

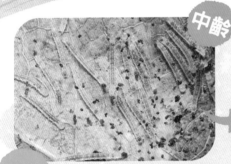

中齡

巢穴裡的終齡幼蟲，裡頭都是糞便，大約 20mm。

幼蟲

集體躲在萸葉五加屬植物葉片背面啃食的中齡幼蟲，大約 5mm。

終齡

接近化蛹期時，老熟幼蟲的身體會慢慢變成粉紅色，並且在堆滿糞便的巢穴裡化蛹。

伸展翅膀的樣子。

羽化的成蟲。

成蟲

從蛹出來的成蟲，蛹的大小大約 10mm。

蛹

卵

產在松葉上的卵，
直徑大約 2mm。

中齡幼蟲，大約 28mm，
冬天快結束時停留在松樹
新芽附近。

中齡

正在吃松葉的中
齡幼蟲，胸足和
腹足會牢牢抓住
葉子。

幼蟲

不要碰我！

蟲蟲蟲檔案 37

潛藏在庭院松樹上的巨大毒毛蟲

赤松毛蟲

Dendrolimus spectabilis

幼蟲只要一察覺到危險，就會露出背部的毒毛。牠們會吃松樹的葉子，是令人討厭的害蟲。但是牠們主要吃老的葉片，其實不會對松樹造成太大傷害。雙腳抱著松葉進食的模樣有點討喜。

分類 鱗翅目枯葉蛾科	前翅長度 25～45mm	出現地區 北海道、本州、四國、九州
出現時期 （成蟲）6～10月，（幼蟲）7～8月：10～隔年5月		
世代 一年一～二代	幼蟲的寄主植物 赤松、黑松、日本落葉松	越冬型態 幼蟲

在松枝上休息的終齡幼蟲，可以長到 75mm，
有時候還會躲在庭院或公園的松樹上。

不要碰我！

這裡很
危險！

終齡

將身體捲起來，露出背
上毒毛的終齡幼蟲。

看起來和松樹的
枝幹沒兩樣。

正在吃松葉的終齡幼蟲，與中
齡幼蟲不同的是，牠們會用胸
足壓住樹葉，長大後就會在松
樹的枝幹上做繭。

蛹

從繭中取出的蛹，
大約 50mm。

不要碰我！

雌蟲

雄蟲體型比雌蟲小，顏色也
不一樣。

雄蟲

成蟲

羽化的雄蟲與繭，繭不能亂摸，因
為裡頭有幼蟲時期留下來的毒毛，
很危險，不過成蟲沒有毒。

博士的

觀察筆記

事情發生在我觀察馬尾松枯葉蛾幼蟲的時候。當我準備搭車回家時，突然看到一隻大毛毛蟲在
我的褲子上爬，真是嚇死我了。那隻毛毛蟲可能是掉到包包上，再從包包爬上來。我趕緊把牠
抓起來，卻被毛毛蟲的毒針螫到手，紅腫成一大片。真的是人有失手，馬有亂蹄呀！

卵像眼珠子，幼蟲像稻穗

阿紋斜帶枯葉蛾

Euthrix albomaculata

卵看起來像眼珠子，幼蟲則是像稻穗，外貌看起來雖然很和善，但全身卻長滿毒毛，就連繭也有毒性，成蟲的外型看起來就像是有個小洞的枯葉。

分類	鱗翅目枯葉蛾科	前翅長度	22～30mm
出現地區	北海道、本州、四國、九州		
出現時期	（成蟲）5～10月、（幼蟲）7～8月；10～隔年5月		
世代	一年二代	幼蟲的寄主植物 竹類、赤竹類、芒草	越冬型態 幼蟲

初齡

初齡幼蟲。

幼蟲

卵

產在多花紫藤葉片背面的卵，看起來像眼珠子的花紋是特徵，直徑大約 2mm。幼蟲雖然不吃多花紫藤的葉子，不過在寄主植物（赤竹或芒草）附近的其他植物上產卵的情況還算常見。

中齡

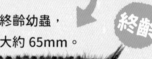

芒草葉片上的中齡幼蟲，大約 22mm。

不要碰我！

終齡幼蟲，大約 65mm。

終齡

終齡幼蟲的頭部

在赤竹莖上做的繭，大約 50mm。

不要碰我！

蛹

繭裡的蛹，大約 33mm。

成蟲

雌蟲。

雌蟲的頭部

將整棵櫻樹都纏上絲線

天幕枯葉蛾

Malacosoma neustrium

卵 就像裝飾品,包覆在櫻樹的枝幹上,幼蟲會集體做一個宛如帳篷的巢穴,所以又稱為「天幕毛蟲」。要是大量出現在公園等地方的話,整棵樹幹及枝幹上就會布滿毛毛蟲。

分類	鱗翅目枯葉蛾科	前翅長度	15～23mm

出現地區	北海道、本州、四國、九州、屋久島

出現時期	(成蟲)5～8月、(幼蟲)5～6月;10～隔年5月

世代	一年一代	幼蟲的寄主植物	櫻樹類、柳樹類、麻櫟	越冬型態	卵

卵

終齡幼蟲,沒有毒,在枯葉蛾科中非常罕見,大約 60mm。

一群中齡幼蟲在櫻樹枝幹上搭建外型類似天幕的巢穴,因此被稱為「天幕毛蟲」,幼蟲的體長約 20mm。

終齡幼蟲的頭部。

幼蟲

產在櫻樹細枝上的卵塊,每顆卵的直徑大約 0.7mm,卵塊的長度大約 9mm。

幼蟲吐出的絲把櫻花樹整個包起來了。

成蟲

蛹

在距離成長處稍遠的地方做了一個繭,大約 25mm。

雄蟲。

長滿水藍色突起的巨大毛毛蟲

眉紋天蠶蛾

Samia wangi

幼蟲身上覆蓋著水藍色的小小突起，充滿時尚感。而且牠們還會把樹葉捲起來，打造出牢固無比的繭。成蟲體型巨大，前翅上尾端的花紋看起來則像是蛇。

分類 鱗翅目天蠶蛾科	**前翅長度** 65～80mm
出現地區 北海道、本州、四國、九州、琉球群島	
出現時期（成蟲）5～9月、（幼蟲）6～10月	**世代** 一年一～二代
幼蟲的寄主植物 樗樹（臭椿）、麻櫟、樟樹	**越冬型態** 蛹

幼蟲

二齡

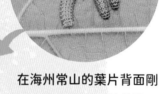

在海州常山的葉片背面剛蛻皮沒多久的二齡幼蟲，大約 8mm。

四齡

四齡幼蟲，表面覆蓋著一層像白蠟的物質，大約 30mm。

終齡幼蟲的頭部

終齡（五齡）

水藍色的突起非常美麗，長度約 60mm。

蛹

捲起的葉片成了一個褐色的繭，大約 50mm。

從繭中取出的蛹。大約 30mm。

成蟲

雄蟲。翅膀上的花紋像眉月，前翅尾端的圖紋則像是蛇。

是蛇！

綠色的袋子出現了一隻毛茸茸的巨蛾！

透目天蠶蛾

Rhodinia fugax

一齡幼蟲雖然是不起眼的黑色毛毛蟲，但是長大後就會變成漂亮的綠色毛毛蟲。牠們會做出袋狀的繭懸掛在枝幹上，並在裡頭化蛹。成蟲的身體覆蓋著一層蓬鬆的毛，看起來像絨毛娃娃，非常可愛。

| 分類 | 鱗翅目天蠶蛾科 | 前翅長度 | 45～60mm | 出現地區 | 北海道、本州、四國、九州 |

| 出現時期 | （成蟲）10～12月、（幼蟲）4～7月 | 世代 | 一年一代 |

| 幼蟲的寄主植物 | 麻櫟、櫻樹類、槭樹類等 | 越冬型態 | 卵 |

實際的大小

在繭中羽化的雌蟲與飛來的雄蟲交配後，有時會直接在空繭表面產卵。

卵

產在空繭上的卵，長度大約2mm。

下一頁繼續

一齡

躲在枹櫟葉片背面的一齡幼蟲，大約 10mm。

三齡幼蟲，全身都是檸檬黃色，水藍色的突起相當吸睛，大約 25mm。

幼蟲

二齡

二齡幼蟲，背面變成黃色，大約 12mm。

三齡

終齡
（五齡）

正在吃板栗葉的終齡幼蟲。身體的上半部呈淡綠色，下半部則是深綠色，胸部有突起，大約 65mm。

終齡幼蟲的頭部只要受到刺激，就會從氣孔發出「唧──」的叫聲。

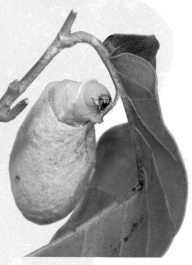

吐絲做出袋狀繭的老熟幼蟲。黏在葉子或莖幹上的繭柄（繭帶）會非常用心的補足強度，做繭的時候偶爾會聽到「唧──」的聲音。

蛹

繭中的蛹。

在槭樹上做的繭就像一個袋子（透目天蠶蛾的日文意思是對折的稻草包），大約長 35mm。

68

翅膀完全伸展開來
的雌蟲,四片翅膀
上各有一個半透明
的紋路。

成蟲

雌蟲

從繭出來準備展翅的雌蟲。

雄蟲的頭部,大大
的觸角看起來像兔
子的耳朵。

好可愛喔!

雌蟲的側面

雄蟲體型比雌蟲小,
翅膀細長而且顏色
深濃。

雄蟲

成蟲容易受到
光線吸引。

博士的
觀察筆記

透目天蠶蛾的繭是黃綠色的,夏天到秋天這段期間不太容易找到。但是只要冬天一到,樹葉紛
紛掉落時就會變得相當顯眼。這個時候找到的通常是成蟲羽化後留下的空繭,不過空繭也非常
漂亮,幸運的話還會找到雌蟲留下來的卵,尋找空繭也算是一種有趣的戶外活動呢!

卵

產在枹櫟枝幹上的卵，直徑大約 2.5mm。

一齡

大約 7mm。

幼蟲

剛蛻皮的二齡幼蟲。

二齡

蟲蟲檔案 42

大大的觸角是高性能的雷達！

姬透目天蠶蛾

Antheraea pernyi

幼蟲是綠色的巨大毛毛蟲，看起來很像葉子，所以不太好發現。繭的形狀相當完整美麗；雄蟲的觸角看起來像個大大的蝴蝶結。取名為天蠶，就代表牠們和家蠶一樣，可以剝繭抽絲。

分類 鱗翅目天蠶蛾科	**前翅長度** 70～85mm
出現地區 北海道、本州、四國、九州、琉球群島	
出現時期（成蟲）7～9月、（幼蟲）4～6月	**世代** 一年一代
幼蟲的寄主植物 麻櫟、櫻樹類、楊梅	**越冬型態** 卵

正在做繭的老熟幼蟲，簡單拼湊葉片後，就開始在裡頭做繭。

終齡
（五齡）

抓住栗樹枝幹，身體後仰之後靜止不動的終齡幼蟲，雖然體型很大，但是外表很像葉片，所以不太容易發現，大約 70mm。

到了三齡的時候屁股會出現一塊大大的棕色斑紋，大約 20mm。

三齡

大約50mm，幼蟲吐出的絲線呈黃綠色，非常美麗。

雄蟲的正面，大大的觸角可以感應到雌蟲釋放出來的費洛蒙。

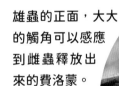

成蟲

蛹

從繭中取出的蛹，大約 35mm。

雄蟲。

博士的

觀察筆記

毛毛蟲有時候會喝葉子上的水滴，尤其是姬透目天蠶蛾的幼蟲常常喝水，所以飼養的時候要記得幫牠們噴水霧喔！

卵

大量產在樹幹上的卵，形狀像米袋，長度約 2.2mm。

初齡

群聚在栗樹葉背面的初齡幼蟲，大約 10mm。

中齡

幼蟲

停留在鹽膚木葉上的中齡幼蟲，大約 30mm。

可以做出漂亮空繭的「白髮太郎」

雙黑目天蠶蛾

Rinaca japonica

幼蟲體型碩大，全身覆蓋著一層白色的毛，所以綽號叫做「白髮太郎」。成蟲察覺到危險時，會刻意露出後翅的眼紋嚇唬敵人，有時候成蟲會大量聚集在燈光底下。

分類	鱗翅目天蠶蛾科	前翅長度	60～70mm
出現地區	北海道、本州、四國、九州、琉球群島		
出現時期	（成蟲）9～10月、（幼蟲）5～7月	世代	一年一代
幼蟲的寄主植物	麻櫟、櫻樹類、核桃楸	越冬型態	卵

 終齡

正在栗樹枝幹上爬行，茁壯成長的終齡幼蟲。身體側面有一排藍色氣孔非常的美麗，長度約80mm。

終齡幼蟲的頭部

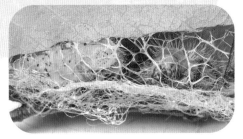

蛻皮後第三天的終齡幼蟲。全身長滿了白色長毛，難怪會被稱「白髮太郎」，大約50mm。

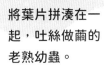
將葉片拼湊在一起，吐絲做繭的老熟幼蟲。

雌蟲的正面。

成蟲

蛹

繭呈網狀，可以看見裡面的蛹，所以又稱為「透明米袋」，大約50mm。

雄蟲的正面，觸角比雌蟲粗。

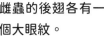
雌蟲

雌蟲的後翅各有一個大眼紋。

雄蟲

博士的 觀察筆記

有一天散步的時候，發現整條路上都是棕色果實，「難道是……」正當心裡這麼想的時候，抬頭一看，竟然發現健壯的「白髮太郎」身影！沒錯，那些棕色顆粒全都是毛毛蟲的糞便。大片的樹葉幾乎都被牠們吃光了，食慾真是驚人呀！

卵

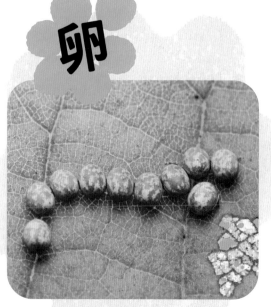

產在赤楊葉片表面的卵，
直徑大約 2mm。

一齡幼蟲顏色偏黑，身上局部帶著淺淺的橘色。

從一齡蛻皮成二齡。

幼蟲

蟲蟲
檔案
44

月夜中翅膀散發出閃亮水藍色的蛾

日本長尾水青蛾

Actias gnoma

幼蟲的身體顏色會隨著成長從黑色變成橘色，再轉為黃綠色，長大後身上還會出現圓點斑紋，色彩也會慢慢變化。成蟲是體型龐大、擁有水藍色翅膀的蛾，彷彿來自月世界的使者，夢幻又美麗。

分類	鱗翅目天蠶蛾科	前翅長度	45～55mm	出現地區	北海道、本州、四國、九州
出現時期	（成蟲）5～8月、（幼蟲）5～10月		世代	一年一～二代	
幼蟲的寄主植物	赤楊、檔木	越冬型態	蛹		

正在吃赤楊葉片的二齡幼蟲，身體有著鮮豔的橘色，大約 12mm。

二齡

終齡（五齡）

終齡幼蟲的正面。

到了三齡，身體就會變成黃綠色，突起的基部有黑色圓圈，大約 16mm。

三齡

看起來像珠子的環狀花紋讓終齡幼蟲更加美麗。原本正在吃赤楊葉，因為察覺到危險，所以一動也不動，大約 70mm。

老熟幼蟲快要化蛹時顏色會有點接近棕色。

蛹

拼湊葉片或落葉做出的褐色繭，大約 40mm。

繭中的蛹，大約 35mm。

成蟲

雄蟲的正面，觸角像兔子的耳朵，腳呈深粉紅色。

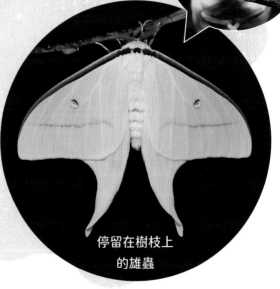

幼蟲和成蟲都很美麗！

停留在樹枝上的雄蟲

博士的
觀察筆記

蛾通常都在晚上活動，不過我曾經在白天發現牠們悄悄躲在赤楊上。可是當我一靠近，或許是察覺到危險的關係，牠們就開始拍動翅膀暖身，過沒多久就展翅往遠處飛去。那個樣子實在酷到讓我目瞪口呆，愣在原地好一段時間……。

卵

快要孵化的卵，
直徑大約 2mm。

一齡

一齡幼蟲，
大約 8mm。

幼蟲

二齡

二齡幼蟲，
大約 20mm。

好像怪獸喔！

成蟲的翅膀上有隻貓頭鷹一直盯著人看

日本枯球籠紋蛾

Brahmaea japonica

盯

幼蟲出生就帶有長長的突起，但是到了終齡時卻會突然消失。成蟲的翅膀圖案複雜又美麗，感到危險時會舉起前翅，露出貌似貓頭鷹的面孔圖案威嚇。

分類	鱗翅目籠紋蛾科	前翅長度	45～50mm
出現地區	北海道、本州、四國、九州、屋久島	出現時期	（成蟲）3～5月、（幼蟲）4～6月
世代	一年一代	幼蟲的寄主植物	水蠟樹、日本女貞	越冬型態	蛹

四齡

突起相當壯觀的四齡幼蟲，突起雖然非常容易斷裂，但是斷了也不會致命，身長約50mm。

停留在水蠟樹上的四齡幼蟲，突起雖然又大又長，卻能巧妙隱藏在周圍環境，讓人難以發現。

剛蛻皮的四齡幼蟲。

終齡幼蟲，終齡時突起會消失，大約80mm。

終齡（五齡）

鑽入土中化蛹，大約45mm。

停留在雜木林枯樹的成蟲，只有春天才會出現，所以又稱為「春天的妖精」。

蛹

感到危險時會揚起前翅的成蟲。

交配中的雌蟲（上）和雄蟲（下）。

成蟲

博士的

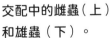

觀察筆記

將許多幼蟲放進同一個容器飼養時，牠們會不斷晃動長長的突起互相撞擊，但是很快就又會縮回去，難道這些長長的突起是為了威嚇對方？

在空中飛行的野生蠶！

端褐蠶蛾

Bombyx mandarina

家蠶的原始種，幼蟲的外表看起來很像鳥糞或桑樹枝幹，感知到危險時會鼓起胸部來威嚇，但是這樣反而讓牠們看起來更可愛，成蟲外表看起來跟吉祥物一樣逗趣。

分類 鱗翅目蠶蛾科	前翅長度 17～22mm

出現地區 北海道、本州、四國、九州、琉球群島

出現時期 （成蟲）6～11月、（幼蟲）4～9月

世代 一年二～三代	幼蟲的寄主植物 小葉桑、桑樹（白桑）

越冬型態 卵

卵

卵的長度大約
1.3mm。

中齡

外表像鳥糞的中齡幼蟲，屁股附近有小小的突起，大約10mm。

眼紋相當明顯，看起來像圓滾滾的大眼珠，真正的眼珠只有下面的一小點。

終齡

初齡幼蟲，
大約2mm。 **初齡**

終齡幼蟲，
大約45mm。 **幼蟲**

覺察到危險時縮成一團、胸部整個鼓起的終齡幼蟲。

蛹

繭中的蛹。
繭大約27mm，
蛹大約25mm。

在繭裡羽化的
雄蟲，繭是淺
棕色。

雄蟲，為了取得絲線而被馴化的家蠶無法飛行，不過野生種的端褐蠶蛾（野家蠶）卻可以飛行。

成蟲

雄蟲

雌蟲

雌蟲大大的肚子裡
裝滿了卵。

會發出「唧──唧──」的聲音

鬼臉天蛾

Acherontia lachesis

幼蟲是體型巨大的毛毛蟲，尾巴末端滿滿的環狀尖刺是一大特徵。通常會出現在菜園的茄子上。成蟲背部有個像鬼臉的圖案，讓人看了為之震撼。

分類 鱗翅目天蛾科		**前翅長度** 45～58mm	
出現地區 本州、四國、九州、琉球群島			
出現時期 （成蟲）7～10月、（幼蟲）8～11月			
世代 一年一代		**幼蟲的寄主植物** 茄子、芝麻、海州常山	
越冬型態 蛹			

終齡 約110mm。

綠色型

褐色型

黃色型

老熟幼蟲，背部變成棕色時會停止進食，鑽進土裡化蛹。

幼蟲

蛹

剛化蛹的蛹。

化蛹完第二天的蛹，大約55mm。

成蟲，腹部有藍色和黑色的條紋。

成蟲背部有個像鬼臉的圖案，相當特別。

成蟲感到危險時會發出唧唧的聲音，而且還會不斷上下搖晃身體，威嚇對方。

成蟲

卵的長度
大約 2mm。

卵

快要孵化時，卵會轉變成紅豆色，也可以看到裡面暗綠色的幼蟲。

一齡
大約 9mm，尾角很長。

二齡
二齡幼蟲的頭部尖尖的，大約 25mm。

這是糞便

幼蟲

三齡
大約 45mm。

蟲蟲檔案
48

帶來春天消息的櫻花精靈

鋸翅天蛾

Langia zenzeroides

不管是幼蟲還是成蟲，在日本的天蛾科中都是體型最大的。成蟲會在早春羽化，所以又稱為春天的妖精。成蟲會發出唧唧的聲音，就連幼蟲也會從氣孔發出嘶嘶聲。

| 分類 鱗翅目天蛾科 | 前翅長度 60～75mm | 出現地區 本州、四國、九州 |

| 出現時期 （成蟲）3～4月、（幼蟲）5～6月 | 世代 一年一代 |

| 幼蟲的寄主植物 櫻樹類、梅樹、桃樹 | 越冬型態 蛹 |

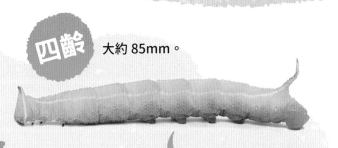

四齡 大約 85mm。

大約 130mm，體型巨大，
腹足胖胖的樣子很可愛。

終齡（五齡）

腹足。

老熟幼蟲，只要背部變成棕色就會停止進食，並且
躲在地上的落葉中化蛹。

蛹是棕黑色的，
形狀圓圓胖胖，
大約 55mm。

蛹

跟我的手掌大小
差不多耶！

成蟲

雄蟲

雌蟲。

雄蟲屁股抬得高高的。

雌蟲

雌蟲的頭部，雄蟲和
雌蟲的口器因為退化，
所以非常短。

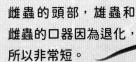

博士的觀察筆記

每當我要餵幼蟲吃櫻樹葉時，打開容器都會飄來一
陣櫻花葉香，讓人好想吃櫻餅……只有我有這種感
覺嗎？

81

秀出大大的眼紋威嚇對方！

柳天蛾（藍目天蛾）

Smerinthus planus

幼蟲通常可以在公園的白楊等植物上找到，有些身上還有類似葉片黑斑的棕色斑點。成蟲只要受到刺激，就會秀出有著大大眼紋的後翅嚇唬對方。

| 分類 | 鱗翅目天蛾科 | 前翅長度 | 33～50mm |

| 出現地區 | 北海道、本州、四國、九州 |

| 出現時期 | （成蟲）5～9月、（幼蟲）6～10月 | 世代 | 一年二代 |

| 幼蟲的寄主植物 | 白楊、柳樹類、櫻樹類 | 越冬型態 | 蛹 |

四齡

四齡幼蟲的頭上有紅色突起，大約 35mm。

停留在白楊細枝上的終齡幼蟲，大約 75mm。

如果停留在有棕色斑點的葉子上就非常難發現。

終齡幼蟲的頭部，胸足為粉紅色。

終齡（五齡）

幼蟲

成蟲

蛹大約 40mm，會鑽入土中化蛹。

蛹

雄蟲一旦察覺到有危險，就會秀出看起來像化妝舞會面具的眼紋嚇唬對方。

變為成蟲後身體呈現豔紅色

紅天蛾

Deilephila elpenor

幼蟲感覺到危險時會隆起胸部，凸顯出身上的兩對眼紋。成蟲身上的色彩由紅色及土黃色組成，非常美麗。夜晚經常會在滲出樹液的樹周圍飛來飛去。

分類	鱗翅目天蛾科	前翅長度	23～32mm

出現地區 北海道、本州、四國、九州、琉球群島

出現時期	（成蟲）4～9月、（幼蟲）6～10月	世代	一年二代

幼蟲的寄主植物 鳳仙花、光千屈菜、柳蘭　**越多型態** 蛹

初齡
黃便
停留在月見草上的初齡幼蟲。

中齡
蛻皮過後兩天，大約 40mm。

剛蛻皮不久的中齡幼蟲（褐色型和綠色型），大約 30mm。

幼蟲

終齡 終齡幼蟲大約 70mm，這隻幼蟲原本是綠色的，到了終齡卻變成褐色。

終齡幼蟲正面。

蛹大約 45mm。

蛹

成蟲

成蟲豔紅的色彩讓人相當驚豔。

腹部的白色氣孔也很時尚！

幼蟲

卵

產在梔子花嫩芽上的卵，長度大約 1.2mm。

中齡幼蟲，大約 20mm。

黑化的中齡幼蟲。

這是糞便 →

中齡

蟲蟲檔案
51

咦，是蜂鳥嗎？不，是飛蛾！

大透翅天蛾
（咖啡透翅天蛾）

Cephonodes hylas

你先！

你先你先！

幼蟲經常出現在公園或庭園的梔子樹上，成蟲一羽化就會立即拍落鱗片，讓翅膀變得透明。翅膀揮動的速度非常快，飛翔時還會發出拍打聲。白天非常活躍，經常吸食花蜜，所以常被誤認為是蜜蜂或者蜂鳥。

分類	鱗翅目天蛾科	前翅長度	23～32mm	出現地區	本州、四國、九州、琉球群島

出現時期	（成蟲）5～9月、（幼蟲）5～10月	世代	一年二代

幼蟲的寄主植物	梔子花、水金京	越冬型態	蛹

正在吃梔子花葉片的終齡幼蟲，
大約 60mm。

終齡

越是接近化蛹的時期，
老熟幼蟲身體的顏色
就會開始出現變化，
再過一段時間就會到
地表化蛹。

蛹是棕褐色的，
大約 35mm。

蛹

剛羽化的成蟲，翅膀上
面還黏著鱗片。

拍落鱗片後，成蟲的翅膀
就會變成透明的。

正在花壇中吸
食馬纓丹花蜜
的成蟲。

成蟲

簡直就是盤旋
飛舞的高手！

成蟲的正面。

成蟲在吸食花蜜時會盤旋飛舞，用前腳壓住花瓣之後再伸出口器。會採取相
同行為的相近種還有小豆長喙天蛾，不過這一類的蛾大多都不會用到前腳。
大家可以仔細觀察，試著分辨其中的差異！

從眼睛發射光束！？宇宙毛毛蟲搖身變成迷彩圖案的成蟲

粉綠白腰天蛾（夾竹桃天蛾）

Daphnis nerii

你這小子！
（嚇死你！）

幼蟲身上的圖案看起來像藍眼睛，彷彿隨時會發出光束。有趣的是，牠們尾角的形狀還會因為成長而越變越可愛，而且成蟲還有迷彩圖案的翅膀。雖然是南國的昆蟲，不過日本本州的溫暖地區也可以看到牠們的蹤影。

| 分類 鱗翅目天蛾科 | 前翅長度 37～55mm | 出現地區 本州、四國、九州、琉球群島 |

| 出現時期 （成蟲）5～11月、（幼蟲）5～11月 | 世代 多代 |

| 幼蟲的寄主植物 夾竹桃、長春花 |

卵

卵快要孵化時可以看到裡面的幼蟲，長度大約 1.5mm。

孵化的瞬間。幼蟲會從內側開始啃食卵殼，先探出頭，再爬到外面。

一齡

一齡幼蟲，孵化後過一段時間，尾角就會變黑，大約 8mm。

幼蟲

出來之後就會吃掉卵殼。

四齡

從四齡蛻皮成為終齡。只要到了終齡，尾角就會變短。

四齡幼蟲的尾角會從中間開始變細，大約45mm。

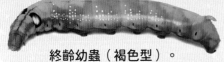

終齡幼蟲（綠色型），大約 80mm。

終齡幼蟲（褐色型）。

終齡
（五齡）

把背弓起來秀出藍色眼紋的終齡幼蟲，彷彿即將發射光束。

老熟幼蟲，當背部變成黑色時，就會停止進食，準備化蛹。

化蛹，剛化蛹的蛹顏色比較淡。

成蟲

蛹

蛹的側面有一排黑色斑紋，大約 50mm。

羽化，成蟲破蛹而出的瞬間。

成蟲翅膀有著迷彩圖案，在森林裡不太容易發現。

博士的
觀察筆記

日本本州常見的楡綠天蛾也有類似的迷彩圖案，不過粉綠白腰天蛾的比較華麗。大家通常以為粉綠白腰天蛾是來自南國的天蛾，其實在本州也曾出現過，生態可說是充滿了謎。

幼蟲

二齡

三齡

花壇中的馬蹄蓮（天南星科的園藝植物）被成群的二齡幼蟲啃食，大約 10mm。

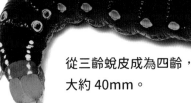
四齡

從三齡蛻皮成為四齡，大約 40mm。

蟲蟲蟲檔案 53

在爬牆虎上馳騁的銀河鐵道

雙線條紋天蛾

Theretra oldenlandiae

幼蟲的身體有一排很像紅色窗戶的眼紋，看起來彷彿銀河鐵道，走路時尾角的白色端會前後搖晃。成蟲的形狀看起來像超音速噴射機，翅膀上還有清晰的黑色條紋。

分類 鱗翅目天蛾科	前翅長度 28〜37mm	出現地區 北海道、本州、四國、九州、琉球群島
出現時期 （成蟲）5〜10月、（幼蟲）6〜10月	世代 一年二代	
幼蟲的寄主植物 虎葛（烏斂莓）、里芋、鳳仙花	越冬型態 蛹	

終齡（五齡）

在爬牆虎莖幹上爬行的終齡幼蟲，這時的尾角會前後搖晃，大約 75mm。

終齡幼蟲的正面，紅色的腳非常醒目。

從背面觀察會覺得好像有很多雙眼睛在看著你。

綠色型的終齡幼蟲，雙線條紋天蛾的綠色幼蟲非常罕見。

好想找到稀有的綠色幼蟲喔！

幼蟲的蛻殼。

蛹

蛹大約 43mm，成熟的幼蟲會在地面上的落葉或土粒上化蛹。

愛吃里芋葉，標準的「芋頭蟲」！

成蟲

成蟲的側臉

翅膀完全伸展開來的雌蟲，外型看起來很像噴射機，相當帥氣。

羽化的樣子，成蟲破蛹而出之後，會立刻尋找可以伸展翅膀的地方。

博士的觀察筆記

幼蟲經常出現在庭院或公園的花壇。和柑橘鳳蝶及斐豹蛺蝶一樣，是常見的毛毛蟲。身體相當有彈性，摸起來非常舒服，看到本尊的話，不妨輕輕觸摸看看。

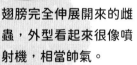

產在馬蹄蓮（天南星科的園藝植物）葉片上的卵，長度大約1.5mm。

幼蟲

一齡幼蟲，大約7mm。

一齡

二齡

棕色型的二齡幼蟲，大約20mm，從二齡到亞終齡這個階段有棕色型和綠色型。

剛蛻皮的二齡幼蟲。

從二齡蛻皮成為三齡。

蟲蟲檔案 54

和毒蛇一樣的外表可以用來嚇唬敵人

蒙古白肩天蛾

Rhagastis mongoliana

小小幼蟲的眼紋圖案非常清楚，一旦蛻皮成終齡幼蟲，就會變成彷彿布滿血絲的眼紋，身體也會浮現類似鱗片的斑紋，看起來就像是一條蛇，成蟲的翅膀質感則是像紡織品中的天鵝絨。

分類 鱗翅目天蛾科	前翅長度 23～30mm	出現地區 本州、四國、九州、屋久島
出現時期 （成蟲）5～9月、（幼蟲）6～10月	世代 一年二代
幼蟲的寄主植物 爬牆虎、黃花月見草（紅萼）、里芋	越冬型態 蛹

茶色型和綠色型的三齡幼蟲，40～45mm。

終齡

鼓起身體威嚇對方的終齡幼蟲看起來就像一條蛇，大約70mm，雖然知道是毛毛蟲，但是看到時還是會被嚇到。

剛蛻皮的三齡幼蟲。

三齡

白色的花紋簡直就像閃閃發亮的眼珠！太厲害了！

蛹大約43mm，會在拼湊的葉片裡化蛹。

幼蟲的蛻殼。

蛹

成蟲翅膀的質感如同天鵝絨。

成蟲的側面，腹部有一排黃色斑紋。

成蟲

大大的眼睛很可愛吧！

博士的觀察筆記

有一天，我在院子裡發現馬蹄蓮上出現大量的幼蟲，接著在葉片背面發現了蟲卵，心想這一定是雙線條紋天蛾，於是就把孵化的幼蟲帶回家飼養，結果牠身上的圖案越來越像蛇，最後竟然變成一隻漂亮的蒙古白肩天蛾，所以很多事情都要親眼看過才能確定，對吧？

將充滿時尚感的紅色翅膀藏起來

銀條斜線天蛾

Hippotion celerio

幼蟲的眼紋有小小的水藍色斑點，看起來就像水汪汪的眼睛。成蟲後翅的基部是紅色的，不過翅膀收起來的時候就看不見了。

分類 鱗翅目天蛾科	前翅長度 23～32mm	出現地區 琉球群島

出現時期 （成蟲）4～10月、（幼蟲）5～11月	世代 多代

幼蟲的寄主植物 姑婆芋、虎葛

初齡

終齡

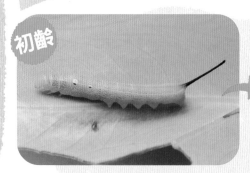

初齡幼蟲，大約 20mm。

褐色型和綠色型的終齡幼蟲，大約 75mm。

幼蟲

蛹

體型細長的蛹，
大約 53mm。

成蟲後翅的基部是紅色的，只要前翅稍微展開，就能看到那亮麗的紅色。

真是時髦華麗的後翅！

成蟲

蟲蟲
檔案
56

不管從哪個角度都會誤認為是鳥糞的幼蟲

大窗鉤蛾

Macrauzata maxima

幼蟲通常會把身體彎成 U 字型，在葉子上靜靜待著，看起來很像鳥糞。成蟲的翅膀上有半透明的大型花紋，只要透過明亮的光線就可以看到，簡直和枯葉沒有兩樣。

分類 鱗翅目鉤蛾科	**前翅長度** 22～32mm

出現地區 本州、四國、九州、琉球群島

出現時期 （成蟲）5～11 月、（幼蟲）全年	**世代** 一年二～四代

幼蟲的寄主植物 麻櫟、枹櫟、青剛櫟	**越冬型態** 幼蟲

初齡

中齡

終齡

幼蟲

正在吃青剛櫟葉片的終齡幼蟲。

只要仔細看，就會發現幼蟲的屁股尾端有個細長的尾角。

停留在青剛櫟葉片上的初齡幼蟲，大約 8mm。

中齡幼蟲，快要接近下一次蛻皮時會進入睡眠狀態，大約 20mm。

以擅長的姿勢喬裝成為鳥糞的終齡幼蟲，大約 35mm。

蛹

在葉片表面吐絲，準備做繭化蛹。

成蟲的翅膀花紋是半透明的，看起來就像變薄的枯葉高高掛在樹枝上，很難察覺到牠的存在。

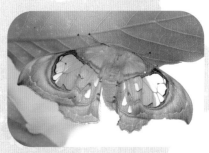

成蟲

成蟲的正面。

看起來像兔子耳朵的突起

短線豆斑鉤蛾

Auzata superba

幼蟲的頭部看起來很像兔子，會把葉子捲起來當作巢穴躲在裡面，所以不太容易發現牠的蹤跡。成蟲翅膀的棕色花紋偏白，而且經常大刺刺的停在葉片表面，因此很容易發現牠們的身影。

分類 鱗翅目鉤蛾科	前翅長度 17～25mm

出現地區 北海道、本州、四國、九州

出現時期 （成蟲）5～10月、（幼蟲）全年	世代 一年三代

幼蟲的寄主植物 椛木、燈台樹	越冬型態 幼蟲

亞終齡

大約 25mm。

終齡

幼蟲的頭部有著像兔子耳朵的突起。

幼蟲

將椛木的葉片捲起來做成巢穴，打算躲在裡面的亞終齡幼蟲，大約 18mm。

蛹大約 14mm，會在幼蟲時期使用的巢穴中化蛹。

蛹

成蟲

倒過來看成蟲，翅膀的棕色花紋看起來就像浮在水面上。

豎立的毛束看起來像窗冠耳葉蟬

逆八鉤蛾

Kurama mirabilis

幼 蟲為青綠色或黃綠色，背上有一排黑色花紋，是外型非常亮麗的毛毛蟲。成蟲翅膀的銀白色部分有個「八」字形的紋路，背部的毛叢充滿威風氣勢。

分類 鱗翅目鉤蛾科	**前翅長度** 19～22mm	
出現地區 北海道、本州、四國、九州		
出現時期 （成蟲）3～5月、（幼蟲）4～6月	**世代** 一年一代	
幼蟲的寄主植物 青剛櫟、麻櫟、枹櫟	**越冬型態** 蛹	

幼蟲 終齡

大約 35mm。

蛹

用落葉結成一個薄薄的繭，以便化蛹，大約 17mm。

成蟲

成蟲只會在春季出現。

成蟲的正面，背後有一搓豎起來的毛叢，讓人聯想到鵰鴞。

毛叢真濃密！

長得很像！

晚上竟然有麝鳳蝶……不對，那是蛾！

松村氏淺翅鳳蛾

Epicopeia hainesii

幼蟲身體的表皮覆蓋著一層白色的蠟狀物質。成蟲外表與有毒的麝鳳蝶相似，可見牠們是靠偽裝成毒蝶的方式來保護自己。不管是幼蟲還是成蟲，都是讓人印象深刻的蛾。

分類 鱗翅目鳳蛾科	前翅長度 30～37mm
出現地區 北海道、本州、四國、九州	
出現時期 （成蟲）5～9月、（幼蟲）7～10月	世代 一年二代
幼蟲的寄主植物 梜木、燈台樹	越冬型態 蛹

終齡

正在吃梜木葉片的終齡幼蟲。

幼蟲

終齡幼蟲，看起來像粗毛的東西是結塊的蠟狀物質，只要一摸就會立刻掉落，大約 35mm。

成蟲

繭也覆蓋著一層蠟狀物質，整體約 35mm，繭的長度約 20mm。

蛹

雄蟲的長相很像麝鳳蝶的雌蟲（→ p.19），但是小了一圈，雄蟲在黃昏時分會活躍的飛來飛去，甚至會飛到燈光底下。

雄蟲的正面。

越是生氣，就會膨脹得越大

巨星尺蛾

Paraperchia giraffata

幼蟲的胸部有眼紋，整個鼓起來的時候很像蛇的臉，看到的時候可能會嚇一跳。分布在成蟲翅膀上的白底黑紋非常美麗。

分類 鱗翅目尺蛾科	前翅長度 32～37mm

出現地區 本州、四國、九州、種子島、屋久島

出現時期 （成蟲）4～9月、（幼蟲）6～10月　**世代** 一年二代

幼蟲的寄主植物 柿樹、君遷子　**越冬型態** 蛹

幼蟲

將身體拉長的終齡幼蟲。只要感覺到危險，原本隆起的胸部就會再繼續膨脹，大約 55mm。

終齡

初齡

還是初齡幼蟲的時候就會隆起胸部，大約 9mm。

在柿樹枝上爬行的終齡幼蟲。尺蛾科幼蟲身體正中央（第 3～5 腹節）的腳（腹足）絕大多數都已經退化了，因此爬行的時候必須先將整個身體拉長再縮短才行。這個行為和我們把手指當作量尺測量長度的時候一樣，所以又稱為「量尺蟲」。

蛹

蛹和幼蟲的蛻殼，會鑽入土中化蛹，蛹大約 28mm。

成蟲

大而美麗的成蟲。

成蟲的側臉

雄蟲冬天會在山野間四處飛翔，尋找不會飛的雌蟲

黑筋冬枝尺蛾
Pachyerannis obliquaria

幼蟲會將枹櫟樹葉拼湊成巢穴之後躲在裡面。成蟲通常會在初冬出現，雌蟲翅膀小，看起來很像蝴蝶結。雄蟲會飛，但是雌蟲不會飛。

分類 鱗翅目尺蛾科	前翅長度 ♂ 14～17mm、♀（體長）10～14mm

出現地區 北海道、本州、四國、九州

出現時期 （成蟲）11～12月、（幼蟲）4～5月　世代 一年一代

幼蟲的寄主植物 枹櫟、麻櫟、榭樹　越冬型態 卵

幼蟲

終齡幼蟲的正面。

躲在巢穴裡的終齡幼蟲，大約 18mm。

用枹櫟的葉片拼湊而成的幼蟲巢穴。

終齡

蛹

蛹和幼蟲的蛻殼，會鑽入土中化蛹，蛹大約 8mm。

雌蟲

雌蟲的翅膀短小，無法飛行。相對的，牠們的下顎比較發達，可以四處走動。

正在交配的成蟲，雌蟲從屁股釋放的費洛蒙會吸引雄蟲飛過來。

雄蟲與雌蟲的口器很短，什麼東西都吃不了。

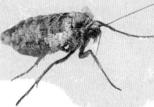

成蟲

雄蟲　停留在地面上的雄蟲。

幼蟲看起來像鳥糞，成蟲則是長得像小鳥

核桃摺翅尺蛾

Apochima juglansiaria

幼 蟲的身體帶有光澤，上半身經常捲起來，很像新鮮的鳥糞。成蟲只有在春天才會出現，翅膀若是合起來，看起來就像一把細細長長的扇子。

分類 鱗翅目尺蛾科	前翅長度 18～22mm

出現地區 北海道、本州、四國、九州

出現時期 （成蟲）2～5月、（幼蟲）4～5月	世代 一年一代

幼蟲的寄主植物 各種闊葉樹	越冬型態 蛹

幼蟲

一齡
全身都是黑色的一齡幼蟲，大約 3mm。

三齡
正在吃五葉木通葉片的三齡幼蟲，大約 10mm。

四齡
展現招牌動作彎曲上半身的四齡幼蟲，大約 30mm。

終齡幼蟲，身體帶有黑色、棕色及綠色。

終齡（五齡）
拉長身體的終齡幼蟲，大約 40mm。

蛹

蛹和幼蟲的蛻殼，會鑽入土中化蛹。蛹大約 20mm。

成蟲

雄蟲，停留時翅膀會摺成細長型，看不出是蛾。

雄蟲

雌蟲

雌蟲，成蟲的身體覆蓋著一層蓬鬆的毛，看起來像一隻小鳥。

一齡

剛從卵孵化的
一齡幼蟲。

二齡幼蟲，
大約 10mm。

二齡

幼蟲

卵

可以看出卵裡面
的幼蟲已經要孵
化了，長度大約
0.8mm。

身體拉長之後
看起來和樹枝
一模一樣。

三齡

三齡幼蟲會長出類似
貓耳的角（突起），
大約 20mm。

蟲蟲檔案
63

乍看之下以為是樹枝，仔細一看卻是貓耳朵！

白頂突峰尺蛾

Biston robusta

幼蟲是外型像樹枝的尺蠖，頭上有兩個角（突起），看起來很像貓咪或兔子，非常可愛。只會在春天出現的成蟲外表像樹皮，不管是雄蟲還是雌蟲，翅膀的顏色及花紋都不一樣。

分類 鱗翅目尺蛾科	前翅長度 25～40mm

出現地區 北海道、本州、四國、九州、琉球群島

出現時期 （成蟲）2～5月、（幼蟲）4～9月	世代 一年一代

幼蟲的寄主植物 各種闊葉樹	越冬型態 蛹

圓滾滾的眼睛
貓耳與

四齡

四齡幼蟲時，頭上的角會變得相當長，大約 50mm。

終齡

終齡幼蟲的頭部

一邊測量距離，一邊爬行的終齡幼蟲。

停留在栗樹枝上的終齡幼蟲，大約 85mm。

蛹的頭上有兩個小小的圓形突起，會鑽入土中化蛹，蛹的長度約 33mm。

蛹

雌蟲。

雌蟲

成蟲

雄蟲

剛羽化的雄蟲

雄蟲停留在樹上時，相當不容易被發現。

卵

產下大量卵的雌蟲。

博士的
觀察筆記

這種蛾的幼蟲不僅外表像樹枝，身體表面的成分也幾乎和樹枝一模一樣，這種情況叫做「化學擬態」。只要透過化學擬態，幼蟲就算遇到天敵螞蟻也不容易被發現，因為螞蟻是靠氣味來尋找食物的。幸運的話，你說不定還能觀察到螞蟻在幼蟲的背上徘徊呢！

偽裝成桑樹的細枝來準備過冬

桑尺蠖蛾

Phthonandria atrilineata

幼蟲看起來就像桑樹的細枝。這些小小的幼蟲雖然會在冬天聚集在光禿、毫無葉片的枝頭上，但如果不多加留意，就會擦身而過，連成蟲也長得和樹皮一模一樣，不太容易發現。

| 分類 | 鱗翅目尺蛾科 | 前翅長度 | 23～30mm |

| 出現地區 | 北海道、本州、四國、九州 |

| 出現時期 | （成蟲）6～9月、（幼蟲）全年 | 世代 | 一年二代 |

| 幼蟲的寄主植物 | 桑樹 | 越冬型態 | 幼蟲 |

幼蟲

停留在桑樹細枝上準備過冬的中齡幼蟲，大約23mm。

右邊的樹枝上面有四隻幼蟲！大家看到了嗎？

中齡
絲線 →

中齡幼蟲的頭部與胸足。嘴巴（吐絲口）吐出的絲只要固定在枝幹上，就可以用來支撐身體。吐絲口是指專門用來吐絲的嘴巴，通常位在進食的嘴巴下方。

終齡
終齡幼蟲，大約65mm。
伸直

一邊測量距離，一邊爬行的終齡幼蟲。

蛹

拼湊地上的落葉之後就會化蛹，大約25mm。

停留在桑樹枝上的成蟲。

成蟲的正面。

成蟲

以為是樹芽，結果是尖頭毛毛蟲！

巨尺蛾

Pachista superans

幼 蟲的頭頂尖尖的，待在原地時腳會縮起來，看起來很像樹芽，並不容易發現。成蟲翅膀的顏色及圖案不管是背面還是腹面，通通都不一樣。

分類 鱗翅目尺蛾科	前翅長度 23～35mm

出現時期 （成蟲）6～9月、（幼蟲）7～8月；10～隔年5月

出現地區 北海道、本州、四國、九州	世代 一年二代

幼蟲的寄主植物 日本辛夷、木蘭、日本厚朴	越冬型態 幼蟲

頭 ↘

幼蟲

初齡

初齡幼蟲會偽裝成日本辛夷的冬芽，度過冬天，大約 10mm。

在玉蘭樹枝上爬行的中齡幼蟲，大約 25mm。

中齡

中齡幼蟲的頭部，會將六隻胸足縮起來，偽裝成樹芽。

終齡

圓滾滾的終齡幼蟲，大約 45mm。

蛹

將木蓮葉拼湊起來做成的蛹室，上面有個圓孔，可以看到蛹的一部分。

打開蛹室的樣子，打開葉子可以看到蛹的齒狀構造（gin trap），蛹大約 23mm。

成蟲

雄蟲翅膀是淺綠色。

翅膀腹面是白色的，上面有黑色的花紋及條紋。

秀出長長的突起，喬裝成植物

直脈青尺蛾

Geometra valida

幼蟲背上有一排長長的突起，看起來很酷。外表雖然花俏，但是只要停留在樹枝上，背部的突起就會化身為植物的一部分，看起來反而不明顯。不管是蛹還是成蟲都是淡綠色，非常美麗。

分類 鱗翅目尺蛾科	前翅長度 23～30mm
出現地區 本州、四國、九州	
出現時期 （成蟲）6～8月、（幼蟲）10～隔年5月	
世代 一年一代	幼蟲的寄主植物 板栗、麻櫟、青剛櫟
越冬型態 幼蟲	

終齡

正在吃枹櫟葉柄的終齡幼蟲。

停留在枹櫟細枝上的終齡幼蟲，外表圓潤，非常顯眼。

幼蟲

剛進入終齡的幼蟲，停留在麻櫟上時很難發現。大約 25mm。

終齡幼蟲，大約 35mm。

蛹

快要羽化的蛹，可以看見成蟲翅膀的顏色。

將葉片捲起來做成蛹室，在裡頭化蛹，蛹大約 18mm。

停留在枹櫟葉片上的成蟲，顏色和花紋看起來很像葉片。

成蟲

成蟲的頭部，有長長的下唇鬚。

蟲蟲
檔案
67

將葉子的碎片黏在一起藏身

白角斑綠尺蛾

Comibaena argentataria

幼蟲會將植物的碎片黏在身體各個地方，如此一來就不容易被發現行蹤。成蟲的翅膀是摻雜白色的深綠色，色調有點像抹茶。

分類	鱗翅目尺蛾科	前翅長度	12～17mm

出現地區 北海道、本州、四國、九州

出現時期 （成蟲）6～8月、（幼蟲）9～隔年6月

世代 一年一代　　幼蟲的寄主植物 蓬蘽　　越冬型態 幼蟲

幼蟲

終齡

蓬蘽莖上的終齡幼蟲，牠們會將葉子碎片貼在身上，彎曲上半身並且靜止不動。

一邊測量距離，一邊爬行的終齡幼蟲，大約25mm。

從腹面看的雄蟲

成蟲

蛹

老熟幼蟲會將葉子碎片拼湊起來做成蛹室，並且在裡面化蛹，大約13mm。

雄蟲，誠如其名，翅膀上的白色線條是其特徵。

原本以為是枝枒，細看之下竟然是尺蠖！

雙帶褐姬尺蛾

Pylargosceles steganioides

幼蟲體型相當細長，休息的時候身體會伸得直直的，看起來很像植物的藤蔓或莖梗。走路的時候身體會彎曲，看起來就像圓圈圈。成蟲的翅膀上有類似波浪的紋路。

分類	鱗翅目尺蛾科	前翅長度	10～12mm
出現地區	北海道、本州、四國、九州、種子島、屋久島		
出現時期	（成蟲）4～8月、（幼蟲）6～10月		
世代	一年二代	幼蟲的寄主植物	薔薇類、多花紫藤、牛膝
越冬型態	蛹		

終齡幼蟲的頭部

幼蟲

終齡

終齡幼蟲，伸直的身體看起來就像植物的枝枒，長度約35mm。

因為身體太細長，爬行的時候會形成圓圈狀。

蛹

會鑽入土中化蛹，蛹長約11mm。

幼蟲的蛻殼。

成蟲

雌蟲。

毒蛾的幼蟲？騙你的啦！

分月扇舟蛾

Clostera anastomosis

幼 蟲背部有紅色、黃色和白色這三種顏色的圖案，而且身上還有瘤，看起來好像有毒，但其實牠們連毒毛都沒有。可能是刻意模仿裳蛾科的毒毛蟲（p.127、128）來保護自己，雄蟲屁股的毛還會整個豎起來呢！

分類 鱗翅目舟蛾科	前翅長度 16～20mm
出現地區 北海道、本州、四國、九州、琉球群島	
出現時期 （成蟲）5～10月、（幼蟲）全年	
世代 一年二～三代	幼蟲的寄主植物 柳樹類、白楊、歐洲山楊
越冬型態 幼蟲	

卵

在白楊葉片背面發現堆積如山的卵和孵化的一齡幼蟲。卵的直徑大約 0.6mm，幼蟲大約 1.5mm 長。

一齡

幼蟲

中齡

終齡幼蟲，背部的黑瘤讓牠們看起來很像毒毛蟲，大約 25mm，長大後會將葉片拼湊起來，在裡頭做繭。

顏色與毒毛蟲相似的中齡幼蟲，大約 8mm。

終齡

蛹

蛹和幼蟲的蛻殼，蛹大約 15mm。

尾部的毛 →

雄蟲，可以用尾部立起來的毛分辨雌雄。

成蟲

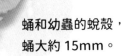

卵

產在白楊葉片上的卵，直徑大約2mm。

銅鑼燒？

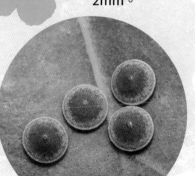

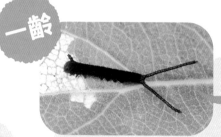

一齡

大約5mm。

二齡

大約9mm。

三齡幼蟲，大約11mm，細長的原足尾端有紅色的突起。

三齡

幼蟲

蟲蟲檔案 70

生氣的時候會舞動原足

楊二尾舟蛾

Cerura erminea

幼蟲是巨大的毛毛蟲，有時候會在公園的白楊樹上發現牠們的蹤跡。原足相當細長，生氣時尾端會冒出紅色突起。成蟲翅膀的圖案和木紋一樣細緻，非常美麗。

分類 鱗翅目舟蛾科	前翅長度 29～35mm	出現地區 北海道、本州、四國、九州
出現時期 （成蟲）5～8月、（幼蟲）5～8月		世代 一年一～二代
幼蟲的寄主植物 白楊、柳樹類	越冬型態 蛹	

四齡
大約 30mm。

成熟的終齡幼蟲,大約 50mm,魄力十足的模樣相當討喜,而且百看不厭。

剛蛻皮的終齡幼蟲,受到刺激時,原足的末端會伸出像絲帶般的紅色突起,不停的甩動。

終齡

老熟幼蟲快要化蛹時會變色。

從屁股伸出來的兩根突起
不是尾巴,是原足變出來的!

會利用咬碎的樹皮來做繭,大約 45mm。

從繭中取出的蛹,大約 28mm。

蛹

幼蟲的蛻殼。

成蟲

雄蟲。

雄蟲的正面,有著梳子般的觸角。

博士的
觀察筆記

幼蟲會把頭埋入身體,看起來像熊玩偶,非常可愛。被惹火時會擺動原足,但是看起來卻更像在跳舞,實在是太有趣了。

竟然被騙了！渾然天成的視錯覺藝術

雙色美舟蛾

Uropyia meticulodina

幼蟲的身體有深棕色的紋路，靜止不動時會讓人誤以為是枯葉，很難找到牠們。成蟲翅膀上的圖案就像媲美畫家的 3D 藝術品，看起來像一片圓滾滾的落葉，非常可愛。

分類	鱗翅目舟蛾科	前翅長度	23～28mm	出現地區	北海道、本州、四國、九州

出現時期	（成蟲）4～9月、（幼蟲）6～10月	世代	一年二代

幼蟲的寄主植物	核桃楸	越冬型態	蛹

從原足末端露出突起的終齡幼蟲。

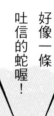

亞終齡幼蟲，大約 25mm，看起來非常像開始變色的枯萎葉片。

終齡幼蟲，大約 30mm。

終齡

好像一條吐信的蛇喔！

幼蟲

老熟幼蟲，快要化蛹的時候顏色會完全改變，一段時間後，會在葉片上做一個薄薄的繭，並在裡頭化蛹。

蛹

一段時間後蛹就
會變成黑色，
大約 24mm。

剛化蛹的蛹。

雌蟲的正面

雌蟲，鱗片與毛呈現出宛如枯葉的
模樣，簡直就像藝術品。

成蟲

看起來跟捲起來的枯葉一模一樣！

不管是幼蟲還是成
蟲，都是擬態達人！

博士的
觀察筆記

初夏或初秋時，大家不妨仔細觀察核桃楸的葉子，
說不定會找到雙色美舟蛾的幼蟲喔！這個時候可以
把葉子變色的部分當作準則，就能更容易找到。

群聚的初齡幼蟲，大約 6mm，幼蟲經常出現在胡枝子等植物上。

初齡

擺出得意姿勢的初齡幼蟲，大約 13mm。

幼蟲

六隻腳裡，中腳和後腳比較長喔！

蛻皮的幼蟲。

蟲蟲檔案
72

集體生活，躲避敵人

褐帶蟻舟蛾

Stauropus basalis

幼蟲的腳十分修長，這在毛毛蟲中相當罕見。會把頭和屁股抬起來，擺出像日本傳統妖怪「鯱」的姿勢。小小的幼蟲會聚集在一起，宛如螞蟻群。成蟲的身體毛茸茸的，看起來很可愛。

| 分類 鱗翅目舟蛾科 | 前翅長度 18～22mm | 出現地區 北海道、本州、四國、九州 |

| 出現時期 （成蟲）5～8月、（幼蟲）5～10月 | 世代 一年二代 |

| 幼蟲的寄主植物 胡枝子類、刺槐（洋槐） | 越冬型態 蛹 |

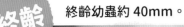

終齡幼蟲約 40mm。

正在吃樹葉的終齡幼蟲，長長的胸足靈活撐住樹葉。

終齡幼蟲擺出的姿勢魄力十足。

抓住胡枝子葉片懸掛著的終齡幼蟲，看起來很像枯葉。

蛹

蛹和幼蟲的蛻殼，蛹大約 18mm，蛻裡還殘留著幼蟲的長腳。

雄蟲的正面

毛茸茸的，真可愛！

雄蟲。

成蟲

博士的觀察筆記

幼蟲平時會把長長的胸足縮起來，遇到緊急情況才會伸展開來，實在是太神奇了。

幼蟲

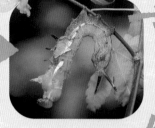

三齡

正在吃槭樹葉片的三齡幼蟲，大約 22mm。

一齡

原足

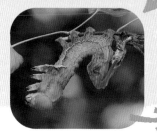

四齡

孵化，卵的長度大約 1.4mm。

從三齡蛻皮成四齡，長長的原足整個抽出來了，看起來好像很舒適。

蟲蟲檔案
73

金光閃閃的三角花紋真的很帥氣

日本銀斑舟蛾

Tarsolepis japonica

好帥喔！

幼蟲的頭部和胸部曲線渾圓，彷彿全身穿了一件只露出頭部的緊身衣，相當逗趣。受到刺激時尾腳會變得細長，露出尾端的紅色突起，成蟲的前翅具有大大的銀白色三角紋。

| 分類 | 鱗翅目舟蛾科 | 前翅長度 | 32～40mm | 出現地區 | 北海道、本州、四國、九州 |

| 出現時期 | （成蟲）7～8月、（幼蟲）7～9月 | 世代 | 一年一代 |

| 幼蟲的寄主植物 | 槭樹類 | 越冬型態 | 蛹 |

一動也不動！

綠色型的終齡幼蟲，剛好伸出紅色的突起。

終齡（五齡）

褐色型的終齡幼蟲，大約 50mm。

化蛹，幼蟲的蛻非常大，自然的情況下通常會鑽入土裡化蛹。

一段時間後就會變成黑色的蛹，大約 30mm。

蛹

成蟲

雄蟲受到刺激的時候，會從腹部伸出紅色的毛。

金光閃閃！

雌蟲

雌蟲，前翅上的大三角細緻花紋，簡直就像塗上了一層厚厚的銀白色顏料。

展翅的雄蟲，紅色的毛平常會藏起來看不到。

雄蟲

博士的
觀察筆記

幼蟲通常不動如山，假裝成葉子，害我找了很多棵槭樹都找不到，只有偶然發現的黃刺蛾繭。本來想順便拍張照片，卻發現日本銀斑舟蛾的幼蟲就躲在旁邊，真的是大驚喜！牠們真的很懂得隱身。

巧妙喬裝成被啃食的葉子

櫟枝背舟蛾

Harpyia umbrosa

幼蟲的背部有一排尖銳的突起，看起來就像恐龍，站在遠處看的時候，則像是被蟲啃過的葉子，會在樹幹上做堅硬的繭。成蟲的翅膀有著美麗的金色花紋。

分類 鱗翅目舟蛾科	前翅長度 21～24mm

出現地區 北海道、本州、四國、九州

出現時期 （成蟲）5～8月、（幼蟲）6～10月	世代 一年二代

幼蟲的寄主植物 麻櫟、枹櫟、板栗	越冬型態 蛹

卵

卵的直徑大約1.1mm。

初齡

初齡幼蟲的背部已經有小小的突起，大約6mm。

剛蛻皮的亞終齡幼蟲。

在板栗葉片上的亞終齡幼蟲，看起來很像有咬痕的葉片。

幼蟲

成熟的終齡幼蟲，大約40mm。

終齡

老熟幼蟲。

大功告成的繭，非常牢固，而且與樹皮融為一體，大約22mm。

從繭中取出的蛹，頭上有尖銳的突起，長度約20mm。

成蟲

成蟲翅膀是銀色的，帶有金色花紋。

開始在樹皮上做繭的老熟幼蟲。

蛹

將翅膀摺疊起來，搖身變成折斷的樹枝

頂斑圓掌舟蛾

Phalera assimilis

白色的卵圓滾滾的，看起來就像迷你乒乓球。幼蟲會聚集在一起啃食樹葉；成蟲停留的時候會把翅膀收起來，細長的模樣就像斷掉的樹枝。

| 分類 鱗翅目舟蛾科 | 前翅長度 23～30mm |

| 出現地區 北海道、本州、四國、九州 |

| 出現時期 （成蟲）6～8月、（幼蟲）7～10月 | 世代 一年一代 |

| 幼蟲的寄主植物 枹櫟、板栗、麻櫟 | 越冬型態 蛹 |

卵

產在枹櫟葉片背面的卵和孵化的一齡幼蟲，卵的直徑大約 1mm。

初齡

群聚的初齡幼蟲只吃枹櫟葉片，大約 5mm。

幼蟲

還算年輕的終齡幼蟲，白色的毛非常醒目。

終齡

成熟的終齡幼蟲會鑽入土中化蛹，大約 55mm。

成蟲的頭部

剛羽化的成蟲。

成蟲

蛹

蛹為黑褐色，大約 28mm。

樹枝　成蟲

樹枝　成蟲

停留的時候翅膀會收起來，看起來就像折斷的樹枝。

卵

剛孵化的一齡幼蟲,大約 3mm。

卵的直徑大約 1mm。

一齡

一齡幼蟲。

剛蛻皮的中齡幼蟲。

中齡

幼蟲

中齡幼蟲的正面。

中齡幼蟲,尾巴的紅毛成了可愛亮點,大約 15mm。

蟲蟲蟲檔案 76

有撮紅色的毛、外型可愛蓬鬆的毛毛蟲

擬杉麗毒蛾

Calliteara pseudabietis

要吃蘋果嗎?無毒的喔!

雖然是毒蛾的一種,但不具毒性。幼蟲是覆蓋著一層長毛的可愛毛毛蟲,大多都是黃色的,但也有白色、粉紅色及棕色的個體,屁股有一撮紅色的毛。雄蟲與雌蟲的翅膀紋路各有不同。

分類 鱗翅目裳蛾科	前翅長度 17～28mm

出現地區 北海道、本州、四國、九州、屋久島

出現時期 (成蟲)4～8月(、幼蟲)6～10月	世代 一年二代

幼蟲的寄主植物 櫻樹類、麻櫟、槭樹類	越冬型態 蛹

做出威嚇行為的終齡幼蟲，把背弓起來秀出黑色花紋。

終齡

偶爾也會發現粉紅色的個體。

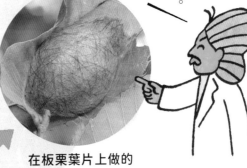

終齡幼蟲，身上覆蓋著不具毒性的長毛，毛茸茸的觸感很舒服，大約40mm。

背部的毛是一撮一撮的耶！

將自己的毛拔下來做繭的老熟幼蟲。

牠會善加利用從嘴巴吐出來的絲。

蛹

在板栗葉片上做的繭，大約45mm。

雌蟲

雌蟲的顏色偏白。

雄蟲翅膀上有一條灰色紋路。

雄蟲

成蟲

成蟲也很可愛！

博士的
觀察筆記

別以為名字有「毒蛾」兩個字就代表有毒，這可是天大的誤會。這種蛾的幼蟲和成蟲外表都毛茸茸的，如果有機會看到本尊，不妨輕觸體驗看看喔！（※保險起見皮膚敏感的人建議不要摸）

雄蟲的正面。

一邊揮舞著頭頂的毛一邊爬行

小白紋毒蛾

Orgyia postica

幼蟲的背部有四撮白毛排成一列，雌蟲沒有翅膀，看起來完全不像蛾。日本的琉球群島可以發現其蹤影，雖然是毒蛾，但卻沒有毒。

分類	鱗翅目裳蛾科	前翅長度	♂大約 13mm、♀（體長）大約 15mm
出現地區	琉球群島	出現時期	（成蟲）3～11月、（幼蟲）全年
世代	多代	幼蟲的寄主植物	各種闊葉樹

終齡

搖搖晃晃！

幼蟲

亞終齡幼蟲。

終齡幼蟲，大約 30mm，一邊晃動頭上的長毛，一邊爬行的樣子很可愛。

抓著繭產卵的雌蟲，牠們會在羽化處釋放費洛蒙，吸引雄蟲前來交配並產卵，雌蟲幾乎不會移動，但年幼的幼蟲會隨著風飄浮，四處擴散。

卵
↓

成蟲

雄蟲正面發達的觸角是為了感應雌蟲釋放的費洛蒙。

雄蟲

雄蟲。

雌蟲沒有翅膀，幾乎不會移動。

雌蟲

初夏時節像蝴蝶般飛舞的白蛾

黃足毒蛾

Ivela auripes

幼蟲常常大量出現，有時甚至會把寄主植物的葉子吃光。成蟲的翅膀是白色的，初夏的白天可以在林邊看到牠們輕盈飛翔，沒有毒性。

分類	鱗翅目裳蛾科	前翅長度	大約 27mm

出現地區 北海道、本州、四國、九州

出現時期 （成蟲）5～6月、（幼蟲）4～5月

世代 一年一代　**幼蟲的寄主植物** 燈台樹、梜木　**越冬型態** 卵

卵

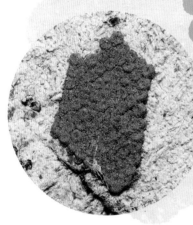

產在樹幹上的卵塊，大量的卵連在一起，看起來就像厚紙板，每粒卵大約 1mm。

幼蟲

終齡

正在梜木葉上爬行的終齡幼蟲，大約 35mm。

因為雄蟲的腳是黃色的，所以才會以「黃足」為名。

蛹

懸掛在扶手上的蛹，大約 20mm。

雄蟲的正面。

成蟲

滿身硬毛的毛毛蟲變身為潔白的蛾

金澤氏白毒蛾

Arctornis kumatai

立志美白！

幼蟲的頭是鮮紅色的，非常顯眼，蛹是嫩綠色，快要羽化時成蟲白色的身體就會慢慢浮現出來，看起來就像被關在膠囊裡的玩偶。成蟲的翅膀是純白色，有一對小小的黑點，是一種毒蛾，但是沒有毒。

| 分類 鱗翅目裳蛾科 | 前翅長度 大約 22mm | 出現地區 本州、四國、九州 |

| 出現時期 （成蟲）5～9月、（幼蟲）全年 | 世代 一年二代 |

| 幼蟲的寄主植物 清風藤 | 越冬型態 幼蟲 |

幼蟲

我沒有毒！

中齡

在清風藤葉片背面的中齡幼蟲，大約15mm。

終齡

大約 35mm，身上長滿硬邦邦的毛。

正在吃清風藤葉片的終齡幼蟲。

變成蛹之後過段時間會
呈現美麗的綠色。

被看光光了喔！

當成蟲的身影開始顯現出來，
就代表羽化的時間快到了。

第二天，羽化的前一刻
腹節會拉長。

蛹

羽化後
留下的蛹殼。

成蟲的正面

看似樸素，其實是
一隻細緻美麗的蛾。

成蟲

成蟲的前翅有小小的黑點。

博士的
觀察筆記

大家可以留意一下，當蛹快要羽化時，成蟲的型態會慢慢顯現，而且腹節在
羽化的前一刻會拉長。若要觀察羽化的瞬間，絕對不可以忽略蛹的變化喔！

一齡

不要碰我！

大約 8mm。

停留在青剛櫟嫩葉上的一齡幼蟲，大約 6mm。

中齡

卵

在建築物角落產卵的雌蟲團體（中間的棕色個體是雄蟲）與大量卵塊，孵化的幼蟲會連同絲隨風飛散。

二齡

大約 20mm。

頭部很可愛的毛毛蟲

舞毒蛾

Lymantria dispar

幼蟲經常吐絲高高懸掛著，所以又稱為「鞦韆蟲」。長大後臉上會出現「八」字形的黑色紋路，看起來非常可愛。雄蟲的觸角大大的，看起來像兔子的耳朵。據說只有一齡幼蟲有毒。

分類	鱗翅目裳蛾科	前翅長度	♂ 25～30mm、♀ 35～45mm
出現地區	北海道、本州、四國、九州	出現時期	（成蟲）7～8月、（幼蟲）4～6月
世代	一年一代	幼蟲的寄主植物	麻櫟、櫻樹類、柳樹類	越冬型態	卵

背部兩排圓形的瘤非常特別！

臉上的「八」字是標誌。

聚集在樹幹上的幼蟲。

終齡

正在吃麻櫟葉片的終齡幼蟲，大約 60mm。

蛹

成熟的幼蟲會在樹枝或葉片間吐出粗糙的絲線，以便進行化蛹，蛹體會長滿短毛，大約 23mm。

雄蟲呈深棕色至淺棕色，白天相當活躍，四處飛翔的樣子看起來就像在跳舞，所以又稱為「舞蛾」。

雄蟲

雄蟲的正面。

雌蟲體型比雄蟲大，顏色偏白。

雌蟲的正面，觸角相當細小。

雌蟲

成蟲

博士的

觀察筆記

舞毒蛾偶爾會大量出現，啃食山中的落葉林和果樹，所以又被稱為「森林害蟲」。但是只要仔細觀察，就會發現幼蟲還有成蟲其實長得很可愛，大家不要討厭牠們喔！

不管是卵、幼蟲還是成蟲，這輩子全身都有毒

東方黃毒蛾

Artaxa subflava

不要碰我！

不僅幼蟲身上有毒毛，卵、蛻殼及成蟲也有。小小的幼蟲會聚集在樹幹等地方，往往讓人嚇一跳。這種蛾不能亂摸，不過成蟲的模樣還挺可愛的。

分類 鱗翅目裳蛾科	前翅長度 14～22mm
出現地區 北海道、本州、四國、九州	
出現時期 （成蟲）6～8月、（幼蟲）9～隔年6月	
世代 一年一代	幼蟲的寄主植物 櫻樹類、麻櫟、柿樹
越冬型態 幼蟲	

初齡

中齡

聚集在珍珠菜葉片上的中齡幼蟲。

群聚的初齡幼蟲會集體在樹皮上過冬，不小心摸到的話會導致皮膚搔癢，甚至發炎。

正在吃柿樹葉的終齡幼蟲。

將身體鼓起威嚇對方的終齡幼蟲，瘤狀的突起上有毒毛。

終齡

長約 40mm。

幼蟲

蛹

繭中的蛹，大約 15mm。

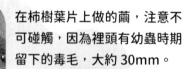
在柿樹葉片上做的繭，注意不可碰觸，因為裡頭有幼蟲時期留下的毒毛，大約 30mm。

雄蟲，羽化時雌蟲會將毒毛黏在腹節末端，但是雄蟲並不會這麼做。

成蟲

華麗的毒毛蟲是最佳模仿範本

黃尾毒蛾

Sphrageidus similis

不要碰我！

幼蟲是外表十分花俏的毛毛蟲，應該是為了向天敵宣告「我有毒，別靠近」。許多沒有毒的毛毛蟲都會模仿這種行為，用以保護自己。

分類 鱗翅目裳蛾科	**前翅長度** 13～20mm
出現地區 北海道、本州、四國、九州	
出現時期 （成蟲）5～9月、（幼蟲）全年	
世代 一年二～三代	**幼蟲的寄主植物** 櫻樹類、麻櫟、柳樹類
越冬型態 幼蟲	

終齡

三蕊柳上的終齡幼蟲，有的幼蟲身體顏色偏黃。

參考 夜蛾科中的蘋劍紋夜蛾幼蟲。外型像黃尾毒蛾，但是無毒，專家認為牠們是利用這種方法保護自己。

幼蟲

終齡幼蟲全身都有毒毛，大約25mm。

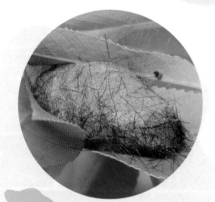

成蟲

雄蟲

雄蟲的正面。

蛹

葉片之間的繭，大約25mm。

雌蟲

雌蟲的腹部尾端有毒毛。

與舞伎一樣色彩繽紛的毒毛蟲

榕透翅毒蛾

Perina nuda

不要碰我！

幼蟲身體的顏色相當華麗，背部靠近頭的地方有一撮毛。雄蟲和雌蟲的顏色完全不同，雌蟲是米色，雄蟲則是黑色，而且前翅是透明的。常見於琉球群島，從卵到成蟲身上都有毒毛保護。

分類	鱗翅目裳蛾科	前翅長度	♂大約 18mm、♀大約 23mm
出現地區	琉球群島	出現時期	（成蟲）3～11 月（幼蟲）全年
世代	多代	幼蟲的寄主植物	矮小天仙果、細葉榕

初齡

集體躲在細葉榕葉片背面啃食的初齡幼蟲。

蛹

蛹（背面）會先在葉片上吐絲再化蛹，大約 20mm。

即將羽化的蛹（腹面）。

幼蟲

終齡

終齡幼蟲，大約 30mm。

雄蟲

蛹殼。

產卵中的雌蟲

卵

成蟲

雌蟲

蟲蟲檔案 **84**

用自己的毛做出可以透視繭的毛毛蟲

優雪苔蛾（二斑叉紋苔蛾）

Cyana hamata

幼蟲是擁有長毛的毛毛蟲，常見於潮溼的地方或樹幹上。成蟲翅膀的圖案是白底紅帶，非常美麗，看起來就像正在微笑的森林精靈。

分類 鱗翅目燈裳蛾科	前翅長度 12～16mm

出現地區 北海道、本州、四國、九州、琉球群島

出現時期 （成蟲）6～9月、（幼蟲）7～8月；10～隔年5月

世代 一年二代　　幼蟲的寄主植物 地衣　　越冬型態 幼蟲

繭中的前蛹，幼蟲會用自己的毛做出可以透視的繭。

感覺像懸在繭中的蛹。

幼蟲　終齡

在石壁上爬行的終齡幼蟲，大約20mm。

蛹

雌蟲 雌蟲的前翅有一對黑色斑紋。

成蟲

雄蟲 雄蟲前翅的黑色斑紋通常為兩對。

放心吧！熊毛蟲沒有毒

豹燈蛾

Arctia caja

幼蟲是一身長毛的毛毛蟲，看起來非常像動物中的熊，所以綽號叫「熊毛蟲」。成蟲碩大而且翅膀的圖案非常華麗漂亮，後翅鮮豔明亮的紅色更是搶眼。

| 分類 | 鱗翅目裳蛾科 | 前翅長度 | 30～43mm | 出現地區 | 北海道、本州 |

| 出現時期 | （成蟲）8～9月、（幼蟲）10～隔年6月 |

| 世代 | 一年一代 | 幼蟲的寄主植物 | 桑樹（白桑）、沙棠果、大麻 |

| 越冬型態 | 幼蟲 |

幼蟲

終齡幼蟲，看起來好像很危險，但其實沒有毒，大約 55mm。

終齡幼蟲的頭部。

軟毛和硬毛混雜。

終齡

蛹
繭中的蛹，繭是幼蟲用自己的毛及絲線做成的。

成蟲

雄蟲有色彩鮮明的後翅。

雌蟲

雄蟲

雌蟲比雄蟲大了一圈。

寒冬常見的毛毛蟲

暗點橙燈蛾

Lemyra imparilis

幼 蟲會在少有昆蟲的冬季或初春現身，而且還會成群結隊在欄杆或扶手上爬行。幼蟲很容易被發現，但是成蟲不太容易找到。

分類	鱗翅目裳蛾科	前翅長度	♂大約 20mm、♀大約 25mm

出現地區 北海道、本州、四國、九州、屋久島

出現時期 （成蟲）7～9月、（幼蟲）9～隔年5月

世代	一年一代	幼蟲的寄主植物	板栗、柳樹類、桑樹（白桑）

越冬型態 幼蟲

幼蟲

中齡幼蟲正在取食飄落在地上的櫻花花瓣，大約 16mm。

中齡幼蟲的正面。

成群在扶手爬行的中齡幼蟲。

中齡

停留在朴樹的終齡幼蟲，大約 50mm。

終齡

幼蟲利用長出來的毛做成的繭，可以看見裡面的前蛹。

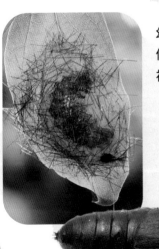

蛹

成蟲

雌蟲。

從繭中取出的蛹，大約 25mm。

翅膀有半透明的窗格紋，就像小鹿斑比

雙黃環鹿子蛾

Amata fortunei

幼蟲是短毛的淺黑色毛毛蟲，通常可以在草地上看到牠們的身影。成蟲的翅膀上有許多半透明的紋路，與小鹿身上的花紋類似，所以才會取名為「鹿子蛾」。

分類	鱗翅目裳蛾科	前翅長度	15～20mm

出現地區	北海道、本州、四國、九州

出現時期	（成蟲）6～9月、（幼蟲）7～8月；10～隔年6月

世代	一年二代	幼蟲的寄主植物	蒲公英類、酸模、枯葉

越冬型態	幼蟲

卵

卵的直徑
大約 0.5mm。

幼蟲

初齡 初齡幼蟲。

終齡幼蟲，
大約 25mm。 **終齡**

長得很像！

蛹

蛹的背面。

蛹的腹面。

成蟲

雌蟲。

正在交配的成蟲，左邊
是雌蟲，右邊是雄蟲。
通常在白天活動。

檔案 蟲蟲 88

凶凶的毛毛蟲搖身變成精靈般的飛蛾

花布麗瘤蛾

Camptoloma interioratum

幼蟲的外貌看起來凶凶的，身上還長著稀疏的白毛，會集體在樹幹上打造袋狀巢穴。成蟲全身都是淡棕色，帶有黑色的線條和朱紅色的花紋，看起來相當時尚，就像精靈一樣，非常可愛。

分類	鱗翅目瘤蛾科	前翅長度	15～20mm

出現地區	北海道、本州、四國、九州

出現時期	（成蟲）6～7月、（幼蟲）8～隔年5月

世代	一年一代	幼蟲的寄主植物	麻櫟、栓皮櫟、枹櫟

越冬型態	幼蟲

終齡幼蟲的頭部。

停留在麻櫟葉片上的終齡幼蟲，大約35mm。

集體聚集在樹幹上的幼蟲。

終齡

幼蟲

成蟲

雄蟲的正面

蛹

繭，幼蟲會在地上的落葉間做繭，大約20mm。

雄蟲。

雄蟲腹面，腹部的基部有個發音器，會發出嘰嘰聲。

發音器

在啃過的樹皮上吐絲做繭的老熟幼蟲。

幼蟲

中齡

聚集在烏桕葉片上的中齡幼蟲，大約 10mm。

終齡

躲在烏桕葉片背面的終齡 幼蟲，大約 30mm。

蟲蟲 檔案
89

「沙沙沙……」會發出怪聲的繭

綠斑癩皮瘤蛾

Gadirtha impingens

有 時會在公園或行道樹的烏桕上發現幼蟲，繭裡頭的蛹如果受 到刺激，就會發出「沙沙沙」的摩擦聲，成蟲的外表和樹皮 極為相似。

分類 鱗翅目瘤蛾科	前翅長度 大約22mm	出現地區 本州、四國、九州

出現時期 （成蟲）全年、（幼蟲）6～10月	世代 一年二代

幼蟲的寄主植物 烏桕、白木烏桕	越冬型態 成蟲

做繭的過程相當難得一見喔!

蛹

參考 水仙瘤蛾的蛹(下)和繭內部隆起的條紋(上),水仙瘤蛾與綠斑癩皮瘤蛾的繭內部通常會有隆起的細小條紋,蛹會利用腹端類似銼刀的部分摩擦出聲。

大功告成的繭,牠們會在樹幹、樹枝甚至牆壁就地取材做繭,藉此與周圍的環境融為一體。

成蟲

成蟲的正面

真的很難發現耶!

剛羽化的成蟲幾乎與樹皮融為一體。

停留在烏桕樹幹上的成蟲。

博士的
觀察筆記

幼蟲削木做繭的樣子一定要用飼養的方式才有辦法觀察到,所以若是找到幼蟲,大家可以小心採集,帶回家飼養觀察牠們做繭的過程。

蛻殼在頭頂上堆得高高的

蘋果瘤蛾

Evonima mandschuriana

幼蟲每次蛻皮後都會把蛻殼層層疊在頭頂，幾次之後，這些蛻殼就會變得像是一根圖騰柱，做繭時還會把這些蛻殼黏在上面，牠們為什麼會這麼做，至今仍是個謎。

分類	鱗翅目瘤蛾科	前翅長度	7～12mm

出現地區 北海道、本州、四國、九州

出現時期 （成蟲）6～8月、（幼蟲）全年　**世代** 一年二代

幼蟲的寄主植物 麻櫟、板栗、櫻樹類　**越冬型態** 幼蟲

終齡幼蟲，頭頂上有十個蛻殼，所以是十一齡，大約 15mm。至於幾齡才會化蛹，每個個體的情況都不同。

九齡

五齡

躲在櫻樹葉片背面的五齡幼蟲，乍看之下會以為是垃圾，大約 5mm。

正在吃櫻樹葉片的九齡幼蟲，大約 11mm。

完美堆疊在頭部的蛻殼。

終齡

幼蟲

正在做繭的老熟幼蟲，會一點一點吐出咬下的樹皮，像磚塊一樣砌成兩面牆。

羽化後的成蟲（左）和人去樓空的繭（右）。

蛹

成蟲

成蟲。

完成的繭，蛻殼與毛束整個露出來，繭的長度大約 13mm。

蟲蟲
檔案
91

破破舊舊的翅膀？才不是呢！

魔目夜蛾（魔目裳蛾）

Erebus ephesperis

幼蟲是一條巨大的毛毛蟲，只要感覺到危險，就會將上半身捲起來，露出背部的黑色花紋。成蟲翅膀的花紋非常特別，看起來就像堆疊的復古翅膀。

分類 鱗翅目裳蛾科	前翅長度 50～55mm

出現地區 本州、四國、九州、琉球群島

出現時期 （成蟲）4～9月、（幼蟲）5～9月	世代 一年二代

幼蟲的寄主植物 菝葜、牛尾菜	越冬型態 蛹

初齡 正在吃菝葜葉片的初齡幼蟲，大約 15mm。

中齡 大約 35mm。

上半身捲成一團的終齡幼蟲，身體拉長時長度大約 80mm。

終齡 終齡幼蟲的正面，背部各有一對黑色及棕色的紋路，長大後會將葉片拼湊起來，在裡頭做繭。

幼蟲

蛹 蛹是暗棕色的，大約 35mm。

成蟲

成蟲的翅膀看起來就像折翼的翅膀層層堆疊，簡直是 3D 藝術。

成蟲的頭部

全身綠色並帶有黑色細紋的一齡幼蟲，大約 5mm。

三齡

剛蛻皮的中齡幼蟲，眼紋會隨著成長變清晰。

一齡

正在吃五葉木通葉片的三齡幼蟲，大約 13mm。

幼蟲

四齡

大約 30mm，身上的紋路看起來像銀河，大大的眼紋像極了閃閃發亮的星星。

蟲蟲檔案 92

眼紋彷彿銀河中閃爍的星星

枯落葉裳蛾

Eudocima tyrannus

哇！

呵呵呵～

幼 蟲有著大大的眼紋，感覺像在盯著人看。停留在五葉木通上時會彎起上半身，高高抬起屁股，姿勢非常特別。成蟲的前翅看起來像枯葉，而後翅有橘色和黑色花紋，相當華麗。

分類 鱗翅目裳蛾科	前翅長度 45～55mm
出現地區 北海道、本州、四國、九州、琉球群島	
出現時期 （成蟲）6～隔年 4 月、（幼蟲）4～10 月	世代 一年二代
幼蟲的寄主植物 五葉木通、明三葉、石月	越冬型態 成蟲

看起來像不像鬼臉？

終齡幼蟲
的背面。

終齡
（六齡）

圓滾滾的終齡
幼蟲，身體顏
色非常多樣。

正在吃五葉木通葉片的終齡幼蟲。
身體拉開來時出乎意外的長，有些
個體甚至長達 75mm 左右。

將野葛葉拼湊起來做成的蛹室。牠
們通常會直接利用附近的葉片，而
不用五葉木通葉。

蛹

從蛹室的縫隙可
以看到老熟幼蟲
的眼紋。

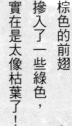

蛹室中的蛹，
大約 34mm。

成蟲

成蟲的前翅簡直就
像枯葉。

棕色的前翅
摻入了一些綠色，
實在是太像枯葉了！

前翅展開時會看到驚人
的華麗後翅。

博士的
觀察筆記

長大後的幼蟲相當顯眼，照理說應該非常容易被鳥類等天敵發現。但是眼紋
嚇敵的效果出奇的好，再怎麼招搖應該也沒關係吧？真的很想問問看鳥兒，
牠們也這樣覺得嗎？

擁有細長毛叢的奇怪毛毛蟲

瘤匹夜蛾

Homodes vivida

幼蟲身上蓬鬆的毛看起來就像抹刀，化蛹時會將咬斷的葉片摺成一個小房間（蛹室），成蟲的翅膀上分布著閃閃發光的銀色斑紋及條紋。

分類	鱗翅目裳蛾科	前翅長度	13～15mm
出現地區	本州、四國、九州、琉球群島		
出現時期	（成蟲）4～5、8～10月、（幼蟲）6～9月；10～隔年4月		
世代	一年二代	幼蟲的寄主植物	橡樹類的樹液、新芽、日本枹木的花苞
越冬型態	幼蟲		

中齡

幼蟲

正在八角金盤葉上爬行的中齡幼蟲，大約16mm。

終齡

終齡幼蟲的頭部

正在落葉上爬行的終齡幼蟲，長度約30mm。

將日本枹木的葉片劃出摺痕，摺疊之後做成房間（蛹室），準備化蛹的老熟幼蟲，要當作蓋子的部分會完美的裁切成圓形。

成蟲

成蟲的翅膀是鮮豔亮麗的橘色，裝飾著充滿光澤的斑紋。

完成的蛹室，長約20mm。

蛹

常在菜園出現的帶刺時尚青色毛蟲

葫蘆夜蛾

Anadevidia peponis

幼 蟲的身體上有許多小刺，部分的腹足已經退化，所以走路的樣子很像尺蠖。喜歡吃小黃瓜之類的蔬菜，是農家討厭的害蟲。

| 分類 | 鱗翅目夜蛾科 | 前翅長度 | 大約 20mm |

出現地區 北海道、本州、四國、九州、琉球群島

出現時期 （成蟲）6～11 月、（幼蟲）全年

世代 多代　幼蟲的寄主植物 王瓜、小黃瓜、白菜等各種植物

越冬型態 幼蟲

幼蟲

頭部為黑色的類型

初齡 → 終齡

大約 6mm。

大約 40mm，身體及頭部的顏色因個體而異，非常有趣。

頭部不是黑色的類型

蛹

蛹和幼蟲的蛻殼，蛹長約 22mm。

羽化的過程。

有的成蟲翅膀上會帶有灰暗的光澤。

成蟲

化蛹前會變成藍色的斑馬條紋毛毛蟲

青波尾夜蛾

Phalga clarirena

差不多該變成藍色了！

幼蟲的上半身膨脹得很大，形狀非常奇特，而且還有和斑馬一樣的細橫條紋，化蛹前會變成藍色。成蟲停棲時屁股會翹起來，看起來就像木屑，很難被發現。

分類 鱗翅目尾夜蛾科	前翅長度 大約 16mm	出現地區 本州、四國、九州、琉球群島
出現時期 （成蟲）全年、（幼蟲）5～10 月	世代 一年二～三代
幼蟲的寄主植物 赤楊、木蠟樹、毛漆樹	越冬型態 成蟲

幼蟲

中齡 出現條紋圖案了，大約 12mm。

大約 8mm。

初齡

躲在野漆葉背面休息的幼蟲，顏色會隨著年齡增長變得越來越白。

終齡 大約 30mm。

令人印象深刻的模樣！

怎麼變成這種顏色⋯⋯？

老熟幼蟲會變成螢光藍的顏色。

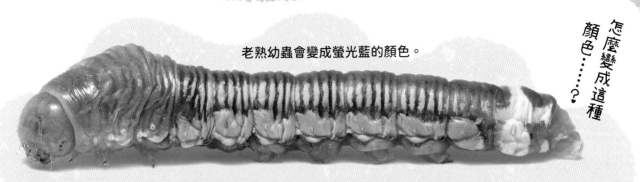

老熟幼蟲會從樹上爬下來尋找朽木挖洞，並在裡頭化蛹後將洞口完全封住。

洞挖得挺漂亮的，非常專業！

蛹

從朽木中取出的蛹，大約 20mm。

這個是翅膀的花紋！

成蟲會靜靜懸掛著，感覺非常穩重。

在平坦的地方展開翅膀。

屁股抬得高高的耶！

成蟲

 博士的 觀察筆記

其實我還沒有觀察到終齡幼蟲是怎麼變成藍色的，我飼養青波尾夜蛾的時候，某天早上終齡幼蟲的身體就突然變成藍色了。所以我建議大家一定要從幼蟲開始飼育，仔細觀察他們的身體如何變色。

搖晃身體噴出黑色液體的毛毛蟲

苧麻夜蛾

Arcte coerula

幼蟲的外表非常鮮豔，感到危險時會猛烈搖動上半身嚇唬敵人。成蟲的模樣有如一隻圓滾滾的麻雀。

分類 鱗翅目夜蛾科	前翅長度 大約38mm

出現地區 北海道、本州、四國、九州、琉球群島

出現時期 （成蟲）7～隔年4月、（幼蟲）6～11月	世代 一年二代

幼蟲的寄主植物 咬人貓、苧麻、小構樹	越冬型態 成蟲

中齡 集體啃食咬人貓的中齡幼蟲，大約20mm。

剛蛻皮的終齡幼蟲正在晃動上半身，而且動作激烈到連植物都在搖晃。只要一碰觸牠，嘴巴就會吐出黑色的液體。

終齡 長大的終齡幼蟲，大約70mm。

幼蟲

蛹

會鑽入土中化蛹，大約35mm。

成蟲

以成蟲的姿態過冬，不過有時也會在冬天活動。

超像日本艾蒿的花！不容易被發現的毛毛蟲

斑冬夜蛾

Cucullia maculosa

幼 蟲只在日本艾蒿花朵盛開的時候出現，而且外表還很像日本艾蒿的花穗。因為實在太像了，所以就算出現在眼前，也未必能察覺到。成蟲全身都是灰色的。

分類 鱗翅目夜蛾科	前翅長度 15～20mm

出現地區 北海道、本州、四國、九州

出現時期 （成蟲）8～9月、（幼蟲）9～10月	世代 一年一代

幼蟲的寄主植物 日本艾蒿、山地蒿的花朵和花苞	越冬型態 蛹

幼蟲

正在啃食日本艾蒿花朵的中齡幼蟲。

中齡

終齡幼蟲長大後會鑽到土裡化蛹，大約 35mm。

初齡

大約 10mm。

藏在日本艾蒿花穗裡的中齡幼蟲，長度大約 18mm。

終齡

突起

成蟲

成蟲的正面。

蛹

蛹的腹部有突起，大約 20mm。

成蟲只會在夏末到秋初出現。

拼了老命啃食松葉

日本小眼夜蛾

Panolis japonica

幼蟲是綠色的，身上有白色直條紋，看起來很像松葉。成蟲只在春天出現，而且身上還覆蓋著一層絨毛。翅膀上有棕紅色及白色的斑紋，非常美麗。

分類 鱗翅目夜蛾科	前翅長度 14～17mm

出現地區 北海道、本州、四國、九州、屋久島

出現時期 （成蟲）3～5月、（幼蟲）4～5月	世代 一年一代

幼蟲的寄主植物 赤松、海松	越冬型態 蛹

幼蟲

在松枝頭上休息的中齡幼蟲，大約 14mm。

中齡

正在吃松葉的中齡幼蟲。由於年紀還小，所以無法從上面一口吃掉，只能從側面啃食。

終齡幼蟲，身體如同松葉，頭部則像新芽邊緣，大約 32mm。

終齡

熟練的從上方咬下松葉的終齡幼蟲。

成蟲

成蟲的頭部

蛹

大約 17mm，老熟幼蟲最後會鑽入土中化蛹。

成蟲只會在春天出現。

第2章

鱗翅目以外的完全變態

～會化蛹的昆蟲②～

接下來會有各種鱗翅目以外的昆蟲登場喔！

好期待喔！

讓日本稱霸世界的閃亮甲蟲！

日本虎甲蟲

Sophiodela japonica

和 寶石一樣閃亮，令人驚豔的美麗甲蟲，腳很修長，可以快速行走，幼蟲的頭扁平堅硬，看起來非常奇特。牠們會在地上挖掘又深又直的洞，並且埋伏在裡面，捕食路過的昆蟲。

分類	鞘翅目步行蟲科	體長	18～22mm

出現地區	本州、四國、九州、種子島、屋久島

出現時期	（成蟲）全年、（幼蟲）全年	世代	一年一代（幼蟲期間1～2年）

幼蟲的食物	地表上的昆蟲等小動物	越冬型態	幼蟲、成蟲

幼蟲

幼蟲的巢穴（左）和從巢穴中探出頭來的終齡幼蟲（右），巢穴的直徑大約 6mm，因為是垂直挖掘，所以深度可能會超過 20cm。

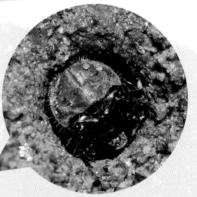

埋伏等待獵物的終齡幼蟲，雖然看起來像老爺爺，但要有昆蟲經過，就會迅速拉長身體襲擊對方。

幼蟲的個性這麼凶猛呀！

幼蟲背部有一對瘤，上頭長了彎刺，只要彎刺勾住東西，就不容易被拉出洞口。

終齡

從巢穴出來的終齡幼蟲，大約 25mm。

蛹

老熟幼蟲會在巢穴中變成蛹，背部有一排長毛的突起。

還是蛹的時候，巨大的大顎就很明顯了呀！

成蟲

美麗又強壯的獵人！

雄蟲的正面，銳利的大顎可以捕捉並吞食昆蟲。

成蟲會在地面上活躍的四處走動，對人類的氣息非常敏感，一有動靜就會馬上飛走，降落在不遠處，如果再靠近，就會再次飛走，同樣的舉動會一直重複，彷彿在為你帶路，運動能力十分高強。

有些成蟲的顏色會偏藍。

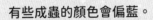

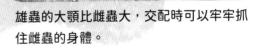

雄蟲

雌蟲

雄蟲的大顎比雌蟲大，交配時可以牢牢抓住雌蟲的身體。

博士的
觀察筆記

某天，我為了拍攝四處亂跑的日本虎甲蟲趴在公園地上，結果路人以為我中暑了，跑過來關心我說：「您沒事吧？」炎炎夏日觀察日本虎甲蟲的時候，不僅要注意中暑問題，還要留意四周，免得別人以為你昏倒了。

149

蝸牛是我的最愛！

食蝸步行蟲

Carabus blaptoides

分類	鞘翅目步行蟲科	體長	26～70mm

出現地區 北海道、本州、四國、九州、種子島、屋久島

出現時期	（成蟲）全年、（幼蟲）5～10月	世代	一年一代

幼蟲的食物	蝸牛	越冬型態	成蟲

幼蟲

終齡幼蟲，大約35mm，外表看起來像是穿了黑色盔甲。

成蟲經常出現在會滲出樹液的樹上。

捕食蝸牛的成蟲，幼蟲和成蟲都非常愛吃蝸牛，成蟲的後翅已經退化，無法飛行，一旦感知到危險，就會從屁股噴出有毒的體液。

不要碰我！

成蟲

森林清道夫

大扁埋葬蟲

Necrophila japonica

分類	鞘翅目埋葬蟲科	體長	18～23mm

出現地區 北海道、本州、四國、九州

出現時期	（成蟲）全年、（幼蟲）5～8月	世代	一年一代

幼蟲的食物	動物屍體與蚯蚓	越冬型態	成蟲

掉在地上的魷魚引來了一群幼蟲。

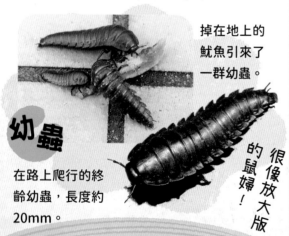

幼蟲

在路上爬行的終齡幼蟲，長度約20mm。

很像放大版的鼠婦！

成蟲

正在吃蚯蚓的雌蟲，幼蟲和成蟲都喜歡吃動物屍體，是大自然的清潔隊，身上散發著一股臭味。

瀕臨絕種的水棲昆蟲

日本大龍蝨

Cybister chinensis

後腳長得像划船用的槳,可以在水中熟練游動的大型水棲昆蟲。幼蟲巨大的大顎非常發達,看起來就像帶有獠牙的毛毛蟲,極為罕見。

分類 鞘翅目龍蝨科	**體長** 34～42mm
出現地區 北海道、本州、四國、九州	
出現時期 (成蟲)全年、(幼蟲)6～7月	**世代** 一年一代
幼蟲的食物 水棲昆蟲、蝌蚪、小魚	**越多型態** 成蟲

卵

大量產在水草裡的卵,大約長15mm。

把屁股尾端露出水面呼吸的終齡幼蟲,以大顎捕捉到獵物後,會先注入消化液,等到獵物的身體組織溶解之後再吸食,大約70mm。

幼蟲

老熟的幼蟲會爬上陸地,在土裡化蛹,大約40mm。

蛹

成蟲

成蟲通常出現在植物茂密的池塘或水田,但受到環境的變化及農藥影響,數量逐漸減少,許多地區都已經絕跡。

個子迷你、外型酷炫！

小鍬形蟲

Dorcus rectus

不會輸給你的！

大自然中常見又熟悉的鍬形蟲。幼蟲會吃朽木長大，體型比甲蟲的幼蟲稍微粗壯。除了晚上，白天也可以在雜木林看到成蟲的蹤影，經常飛到一般住家外面的燈。

分類	鞘翅目鍬形蟲科	體長 ♂ 17～54mm、♀ 22～33mm

出現地區	北海道、本州、四國、九州、琉球群島

出現時期 （成蟲）全年、（幼蟲）全年	世代 一年一代

幼蟲的食物 麻櫟、枹櫟等朽木或倒木	越冬型態 幼蟲、成蟲

二齡

二齡幼蟲，
大約 20mm。

終齡
（三齡）

朽木中的終齡幼蟲。

從朽木中取出的終齡幼蟲，
大約 45mm。

幼蟲

終齡幼蟲的頭部。

大約 25mm，老熟的幼蟲會在木材中建造蛹室，準備化蛹。

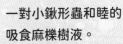

即將羽化時，可以看到成蟲的體色。

好像精美的工藝品喔！

雄蛹已經長出十分壯觀的大顎，身體縮成一團時大約 30mm。

蛹

大顎十分壯觀的雄蟲，體型雖然不大，卻能展現均衡美麗的姿態。

雄蟲的腹面

成蟲

鍬形蟲的大顎大小因個體而異喔！

雄蟲

一對小鍬形蟲和睦的吸食麻櫟樹液。

雌蟲

雌蟲。

啞光的質感非常酷炫！

博士的觀察筆記

小鍬形蟲是健壯又長壽的昆蟲，非常適合在家裡飼養觀察。只要將成對的小鍬形蟲放在有朽木的飼養箱，說不定有一天會養出幼蟲，然後隔年又會有新的成蟲出現，完美飼養出小鍬形蟲家族。

153

令大家渴望不已！日本最大的鍬形蟲

日本大鍬形蟲

Dorcus hopei

只有在大型雜木林中才會發現，氣勢十足的鍬形蟲。幼蟲通常會在比較新的朽木裡成長。成蟲喜歡有洞的大樹，有時甚至會在同一棵樹住上好幾年。

分類	鞘翅目鍬形蟲科	體長	♂ 21～76mm、♀ 22～48mm
出現地區	北海道、本州、四國、九州	出現時期	（成蟲）全年、（幼蟲）全年
世代	一年一代（幼蟲期間一～兩年）	幼蟲的食物	麻櫟等的朽木和倒木
越冬型態	幼蟲、成蟲		

終齡幼蟲的頭部。

終齡

幼蟲

硬大的終齡幼蟲，大約 80mm。

雌蛹
蛹

雌蛹，大約 35mm。

雄蟲

雄蛹的大顎相當粗壯，大約 40mm。

成蟲

結實的體型！

在蛹室內羽化的雄蟲。

雄蟲

雄蟲。

雌蟲

雌蟲的翅鞘有垂直的細紋。

有一副方形臉，也是樹液自助吧老主顧

日銅鑼花金龜

Pseudotorynorrhina japonica

幼蟲住在土裡，尾部又大又胖，全身長著短毛。放在地上時會仰躺移動，樣子非常滑稽，成蟲常常聚集在麻櫟的樹液上。

| 分類 | 鞘翅目金龜子科 | 體長 | 23～31.5mm |

出現地區 本州、四國、九州、種子島、屋久島

出現時期 （成蟲）6～9月、（幼蟲）9～隔年5月

世代 一年一代　幼蟲的食物 腐葉土　越冬型態 幼蟲

終齡

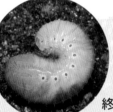
終齡幼蟲，大約40mm。

終齡幼蟲的頭部。

老熟幼蟲會在土裡造出卵形土繭。

蛹

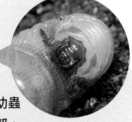

幼蟲

幼蟲放在地上會仰躺，用背上密密麻麻的毛勾住地面靈活移動。

已經羽化，正在試著破壞土繭的雌蟲。

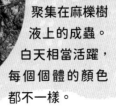

成蟲的頭是四邊形。

聚集在麻櫟樹液上的成蟲。白天相當活躍，每個個體的顏色都不一樣。

成蟲

昆蟲界的王者！會用自傲的頭角把敵人甩開

獨角仙

Trypoxylus dichotomus

哎唷哎唷……

無人不知、無人不曉的昆蟲界大明星。幼蟲呈乳白色，體型粗壯，只要挖掘腐葉土就會滾出來。蛹呈棕紅色，雄蛹的角比成蟲還要粗大。成蟲會聚集在滲出樹液的樹上，而且還會把其他昆蟲趕走，霸占最好的地方。

分類	鞘翅目金龜子科	體長	27～53mm（雄蟲的頭角不算入）

出現地區	北海道（日本國內的外來種）、本州、四國、九州、琉球群島

出現時期	（成蟲）6～9月、（幼蟲）9～隔年6月	世代	一年一代

幼蟲的食物	腐葉土或嚴重腐爛的木材	越冬型態	幼蟲

幼蟲

二齡

二齡幼蟲
大約 22mm

終齡幼蟲，有時只要將朽木翻過來就會發現成群的幼蟲。

卵

產在地底的卵，長度大約 4mm，會隨著時間慢慢膨脹長大。

在朽木中成長的終齡幼蟲，大約 90mm。

終齡幼蟲的正面。

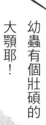

幼蟲有個壯碩的大顎耶！

終齡
（三齡）

蛹

雄蛹，包括角的長度大約 80mm。

老熟幼蟲會在土裡建造蛹室，準備化蛹。

蛹室中的蛹，快要羽化時顏色會變得更深。

雄蛹的背面，腹部有一排齒狀構造，用來抵禦天敵。

雌蟲大多數為暗棕色的個體。

成蟲

雄蟲的個體有偏黑和偏紅兩種顏色。

雌蟲

雄蟲

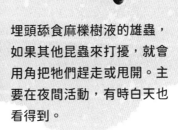

埋頭舔食麻櫟樹液的雄蟲，如果其他昆蟲來打擾，就會用角把牠們趕走或甩開。主要在夜間活動，有時白天也看得到。

夜晚會在麻櫟樹上交配。

**博士的
觀察筆記**

北海道本來沒有獨角仙，是人類把牠們帶到這個地方，野化之後才慢慢增加，這種情況叫做「國內外來種」。現在獨角仙已經廣布北海道各地，讓人擔心對生態系造成的影響。所以大家絕對不要隨便野放昆蟲喔！

不斷朝北方擴大勢力範圍！

小青銅金龜

Anomala albopilosa

通常生活在溫暖的地區，不過近年來分布範圍慢慢擴大到北部。幼蟲會吃植物的根部長大，在花園的盆栽也能發現牠們的蹤影。成蟲會吃各種植物的葉子，常常飛到光源附近。

分類 鞘翅目金龜子科	體長 17.5～25mm

出現地區 本州、四國、九州、琉球群島

出現時期 （成蟲）4～10月、（幼蟲）9～隔年6月

世代 一年一代	幼蟲的食物 作物的根部	越冬型態 幼蟲

幼蟲

在紫陽花盆栽中的幼蟲，大約 30mm。

幼蟲的頭部

放在地面時不會仰躺，而是背部朝上爬行。

蛹

老熟幼蟲會在土壤中建造蛹室，準備化蛹，蛹會被包裹在幼蟲的蛻殼中，大約 23mm。

被挖出來的蛹。

蛹的背部有一排齒狀構造，用來抵禦天敵。

成蟲

正在吃紫陽花葉的成蟲。

小青銅金龜是都市常見的金龜子之一。

幼蟲外型奇妙、成蟲彷彿飛舞的寶石！

彩豔吉丁蟲

Chrysochroa fulgidissima

體型碩大、翠綠閃亮的美麗甲蟲，雄蟲會在朴樹上飛舞。幼蟲身體細長，只有胸部寬闊，外型非常奇特，以衰弱的朴樹等樹幹內側（木質部）為食成長。

分類	鞘翅目吉丁蟲科	體長	24～40mm

出現地區 本州、四國、九州、琉球群島

出現時期 （成蟲）6～9月、（幼蟲）全年　**世代** 一年一次（幼蟲時期約三年）

幼蟲的食物 朴樹、櫻樹類等已經衰弱的樹木及腐爛的木材

越冬型態 幼蟲

幼蟲
中齡幼蟲，大約45mm，長大後約90mm左右。

蛹

老熟幼蟲會在木材中建造蛹室，準備化蛹，最大約40mm。

成蟲

雄蟲

雌蟲

雌蟲。

裝死的雌蟲，腹面也很美麗。

雄蟲的複眼比雌蟲大。

在麻櫟樹幹上產卵的雌蟲。

枯萎的野葛葉是幼蟲的家

葛藤矮吉丁蟲

Trachys auricollis

幼蟲長得像連成一串的萬聖節南瓜，外觀非常獨特。牠們會在野葛葉內部做個袋狀的空洞並躲在裡頭。成蟲比米粒還小，但是只要仔細觀察，就會發現牠們的顏色其實非常美麗。

分類 鞘翅目吉丁蟲科	體長 3 ～ 4mm

出現地區 北海道、本州、四國、九州、種子島、屋久島

出現時期 （成蟲）全年、（幼蟲）6 ～ 8 月	世代 一年一代

幼蟲的食物 野葛的葉子	越冬型態 成蟲

幼蟲

幼蟲會吃掉野葛葉的內部組織（葉肉），創造袋狀的空洞。

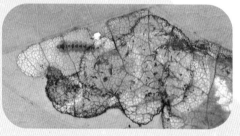

野葛葉片上的空洞

從空洞中取出的終齡幼蟲。大約 8mm，每一節都相當圓潤，看起來像連在一起的萬聖節南瓜。

終齡

蛹

老熟幼蟲會在空洞變成棕色的蛹，大約 4.5mm。

正在交配的成蟲，雄蟲在交配時，有時會拍打後翅。

成蟲

在空洞中羽化的成蟲。

停留在野葛葉背面的成蟲。

「啪」的跳起來！昆蟲界的跳躍高手

西氏叩頭蟲

Orthostethus sieboldi

幼蟲的身體細長，呈圓筒形。如果把藏身在朽木的幼蟲抓起來，牠們就會不停扭動細長的身體，猛烈掙扎。成蟲如果翻過身來，就會發出「啪！」一聲，高高的跳起來。

| 分類 | 鞘翅目叩頭蟲科 | 體長 | 23～30mm |

分類 鞘翅目叩頭蟲科　**體長** 23～30mm

出現地區 北海道、本州、四國、九州、琉球群島

出現時期 （成蟲）5～8月、（幼蟲）全年

世代 一年一代（幼蟲期間1年以上）

幼蟲的食物 朽木中的昆蟲幼蟲等　**越冬型態** 幼蟲

蛹的腹面。

幼蟲

幼蟲的頭部擁有銳利的大顎。

朽木中的終齡幼蟲，大約45mm。

終齡

蛹

蛹和幼蟲蛻殼的側面，蛹大約25mm。

成蟲

聚集在麻櫟樹上吸食樹液的成蟲。

翻身仰躺的成蟲。

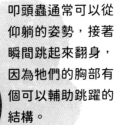

叩頭蟲通常可以從仰躺的姿勢，接著瞬間跳起來翻身，因為牠們的胸部有個可以輔助跳躍的結構。

先集中力量，再利用胸前的突起高高跳起。

將腳貼在身上，化身木片

雙紋褐叩頭蟲

Cryptalaus larvatus

分類 鞘翅目叩頭蟲科	體長 26～32mm

出現地區 本州、四國、九州、琉球群島

出現時期 （成蟲）全年、（幼蟲）全年	世代 一年一代（幼蟲一年以上）

幼蟲的食物 朽木中的昆蟲等小動物	越冬型態 幼蟲、成蟲

成蟲 成蟲翅鞘上有對大花紋。

成蟲的頭部

幼蟲 樹皮底下的終齡幼蟲，顏色黝黑油亮、魄力十足，擁有尖銳的大顎，可以捕食其他昆蟲，大約 45mm。

成蟲的腹面，腳和觸角緊貼在身體上時，看起來就像木片。

長得像天牛，其實是螢火蟲的近親

縫紋異菊虎

Lycocerus suturellus

分類 鞘翅目菊虎科	體長 14～18mm

出現地區 北海道、本州、四國、九州、屋久島

出現時期 （成蟲）4～8月、（幼蟲）6～隔年4月	世代 一年一代

幼蟲的食物 躲在地表及落葉層中的昆蟲等小動物	越冬型態 幼蟲

幼蟲 終齡幼蟲，冬天到春天時容易出現在落葉堆，大約 25mm。

受到刺激後，身體縮成一團的幼蟲。

成蟲

正在交配的成蟲。

雄蟲

雌蟲

成蟲與天牛相似，但在分類上反而較接近螢火蟲，幼蟲和成蟲都是肉食性，不過成蟲也會聚集在花朵上。

162

人人都熟悉的發光昆蟲

源氏螢

Luciola cruciata

成蟲在夏夜時，屁股會發光，在河邊飛來飛去。幼蟲棲息在清澈的河流中，捕食川蜷等螺類。除了成蟲，幼蟲和蛹也會發光。

| 分類 | 鞘翅目螢科 | 體長 | 10～16mm | 出現地區 | 本州、四國、九州 |

出現時期（成蟲）5～7月、（幼蟲）全年

世代 一年一代（幼蟲期間1～3年）

幼蟲的食物 川蜷等淡水螺　越冬型態 幼蟲

幼蟲

在溪流底部爬行的終齡幼蟲，幼蟲和蛹的腹部有發光器，可以發出光亮，受到刺激時會散發一股臭味，大約25mm。

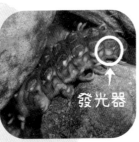

發光器

想要鑽進石縫中的幼蟲，腹部第八節的白色處有一個發光器。

發光的蛹，老熟幼蟲會爬上陸地，鑽進岸邊的土中化蛹。

蛹

終齡

成蟲

雄蟲的複眼比雌蟲大。

發光中的雄蟲，雄蟲會利用發光器與雌蟲溝通。

雄蟲

雌蟲

準備飛翔的雄蟲和雌蟲，可以清楚地看出兩者腹節末端的發光器形狀不同，雄蟲的發光器較大。

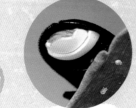

從腹面可以觀察到雄蟲（左）和雌蟲（右）的發光器。

啖食家中的衣物和乾貨

姬圓鰹節蟲
Anthrenus verbasci

分類 鞘翅目鰹節蟲科	體長 2～3.2mm
出現地區 北海道、本州、四國、九州、琉球群島	
出現時期 （成蟲）3～6月、（幼蟲）全年	世代 一年一代
幼蟲的食物 毛皮、羽毛、生藥、種子	越冬型態 幼蟲

棲息在住家牆壁上的幼蟲，大約4mm。外表像鮑魚刷，會吃織物之類的東西，被牠們啖食過的衣服會出現破洞。

幼蟲

在香雪球花朵上的成蟲，通常會依附在人類的衣服上，跟著進入家裡。

成蟲

外表像鼠婦的幼蟲
變身為鮮紅色的成蟲

劉氏新細蕈甲
Neotriplax lewisii

分類 鞘翅目大蕈蟲科	體長 4～6.5mm
出現地區 本州、四國、九州	
出現時期 （成蟲）全年、（幼蟲）2～4月	世代 一年一代
幼蟲的食物 生長在朽木上的雙型附毛菌等真菌	越冬型態 成蟲

躲在雙型附毛菌等真菌中的終齡幼蟲，看起來像胖胖的鼠婦，大約9mm。

幼蟲

正在取食雙型附毛菌的終齡幼蟲。

成蟲是紅色的，非常醒目。

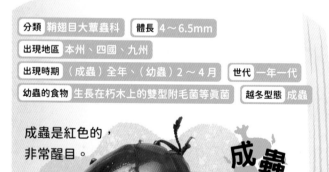

成蟲

成蟲的正面乍看之下會以為是一種金花蟲，差別在於觸角末端較粗。

滿身是刺的幼蟲蛻變為身上有蝙蝠標記的成蟲

大紅紋舸大蕈蟲

Episcapha morawitzi

幼蟲呈赤褐色，身體兩側有一排黑色的刺（突起）。成蟲身上的紅色斑紋看起來像展翅的蝙蝠，相當帥氣。不管是幼蟲還是成蟲，都可以在雙型附毛菌等真菌中發現其蹤跡。

分類 鞘翅目大蕈蟲科	體長 11～14mm
出現地區 北海道、本州、四國、九州、屋久島	
出現時期 （成蟲）全年、（幼蟲）6～9月	世代 一年一代
幼蟲的食物 生長在朽木上的雙型附毛菌等真菌	越冬型態 成蟲

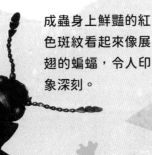

正在雙型附毛菌上爬行的終齡幼蟲，大約 15mm。

幼蟲

終齡

正在取食雙型附毛菌的終齡幼蟲。

蛹的背部長了好幾排小黑刺的突起，大約 13mm。

蛹

成蟲身上鮮豔的紅色斑紋看起來像展翅的蝙蝠，令人印象深刻。

成蟲

成蟲的正面。

梅樹長了好多隻眼睛！？

黑緣紅瓢蟲

Chilocorus rubidus

幼蟲身上布滿許多刺（突起），模樣非常威武，會在幼蟲體內完成化蛹，蛹的外觀看起來則像睜開的眼睛，成蟲身上有模糊的紅色斑紋。

分類 鞘翅目瓢蟲科	**體長** 6～7mm
出現地區 北海道、本州、四國、九州	
出現時期 （成蟲）全年、（幼蟲）4～6月	**世代** 一年一代
幼蟲的食物 出現在梅樹或板栗上的球堅介殼蟲	
越冬型態 成蟲	

幼蟲

群聚在梅樹上的終齡幼蟲，長約 8mm。樹上原本有很多介殼蟲，但是都被黑緣紅瓢蟲的幼蟲給吃掉了。

終齡

互相捕食的幼蟲

梅樹上的球堅介殼蟲是其重要的食物。

蛹

擠在梅樹上的蛹，白色的部分是幼蟲蛻殼，裡面有蛹。

成蟲在高溫的夏天會躲在葉片背面休眠。

成蟲

花紋雖然不同但都是同種類

異色瓢蟲

Harmonia axyridis

幼蟲是黑色的，帶有紅色條紋，仔細觀察會發現上面有許多小刺（突起），看起來很酷。成蟲的顏色和斑紋的數量因個體而異，差異之大，看起來完全不像同一種昆蟲。

分類 鞘翅目瓢蟲科	體長 5～8mm

出現地區 北海道、本州、四國、九州、琉球群島

出現時期 （成蟲）全年、（幼蟲）4～10月	世代 多代

幼蟲的食物 植物上的蚜蟲	越多型態 成蟲

卵

在樹幹上產卵的雌蟲，卵的直徑大約 1.4mm。產卵的地方之所以不在蚜蟲附近，而是在陽光充足的地方，有可能是為了加速孵化。

三齡

正在捕食卵的三齡幼蟲。

幼蟲

終齡（四齡）

捕食長毛角蚜的終齡幼蟲，大約 10mm。

蛹

會在植物或住家的牆上化蛹，大約 6mm。

剛羽化的成蟲和蛹殼。

成蟲的顏色和斑點數量都不相同，溫暖地區的成蟲通常會在夏天進入休眠。

正在交配的成蟲，雄蟲會不停晃動身體。

成蟲

吃金花蟲幼蟲長大的大型瓢蟲

大龜紋瓢蟲

Aiolocaria hexaspilota

我是大龜紋瓢蟲啦！

你是我們家的？

體型較大的瓢蟲。身上有著紅色和黑色的斑點，充滿光澤，彷彿美麗的吊飾，被抓住的話會分泌紅色體液保護自己。幼蟲的體型也相當壯碩，而且威風凜凜，一旦捕捉到金花蟲科的幼蟲，就會一一吞食。

| 分類 鞘翅目瓢蟲科 | 體長 8～12mm | 出現地區 北海道、本州、四國、九州 |

| 出現時期 （成蟲）全年、（幼蟲）5～7月 | 世代 一年一代 |

| 幼蟲的食物 取食核桃類、柳樹類等植物的金花蟲幼蟲 | 越冬型態 成蟲 |

卵

產在核桃楸葉背上的卵，鮮豔的橘色非常美麗，直徑大約 2mm。

好顯眼的卵喔！

一齡幼蟲是全黑的，會吃胡桃金花蟲（→ p.182）的幼蟲長大，大約 2mm。

一齡

幼蟲

終齡

終齡幼蟲約 14mm。

蛹

化蛹第二天的蛹，腹部有齒狀構造，用來抵禦天敵。

受到刺激而挺起身體的蛹。

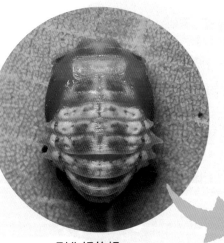

剛化好的蛹，大約 9mm。

是全黑的喔！

有些個體的翅鞘

成蟲，氣溫上升的夏天會進入休眠。

成蟲

飛行的身影魄力十足！

飛行的成蟲。

瓢蟲感覺到危險時，會散發獨特氣味和苦澀的汁液保護自己。七星瓢蟲會分泌黃色汁液；大龜紋瓢蟲則是分泌紅色汁液，看起來很生氣的樣子。

雄蟲　　　　　　雌蟲

正在交配的成蟲。

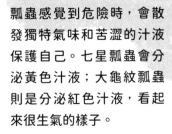

博士的觀察筆記

北海道的大龜紋瓢蟲翅鞘黑色的部分較多，長相稍微不一樣。也有人說這是另外一種奇變瓢蟲。

無人不知的熱門瓢蟲

七星瓢蟲

Coccinella septempunctata

不管是幼蟲還是成蟲,都非常喜歡吃蚜蟲,完全顛覆了可愛的形象。牠們的個性相當蠻橫,會拼命抓住獵物,大口啃食。幼蟲若是吃不飽,有時甚至會互相捕食,而不能移動的前蛹最容易成為牠們的獵物。

快逃——
天啊——

| 分類 鞘翅目瓢蟲科 | 體長 5～8.6mm | 出現地區 北海道、本州、四國、九州、琉球群島 |

| 出現時期 (成蟲)全年、(幼蟲)4～10月 | 世代 多代 | 幼蟲的食物 植物上的蚜蟲 |

| 越冬型態 成蟲 |

幼蟲

卵

卵的長度大約
1.5mm。

三齡

三齡幼蟲,
大約 7mm。

只要蚜蟲變少,幼蟲就會
出現互相捕食的現象!

正在捕食豌豆蚜
的終齡幼蟲,大
約 10mm。

終齡
(四齡)

捕食同種前蛹的幼蟲,比其他個體
早熟的這隻前蛹反而吃虧了。

170

背部裂開就會變成蛹喔！

前蛹的腹節末端黏在葉子上，大約 10mm。

在陽光充足的住家牆壁上的蛹，初春等氣溫較低的季節經常會在這類地方看到蛹，一般認為他們是想要利用太陽的熱能加速生長。

蛹

是在暖身吧！

成蟲

剛羽化的成蟲翅鞘是黃色的，但會慢慢浮現黑色斑紋，紅色部分也會越來越深。

成蟲聚集在出現豌豆修尾蚜的野豌豆上。

成蟲在溫暖地區的夏季通常會進入休眠。

正在吃毛毛蟲的成蟲，如果蚜蟲不夠吃，就會去吃其他昆蟲。

博士的觀察筆記

抓瓢蟲時偶爾會被牠們咬到手指，像我以前觀察日本麗瓢蟲（*Callicaria superba*）這種大型瓢蟲時，牠從植物爬到我的手背上，當時因為覺得很有趣，所以就沒有制止，沒想到接下來牠竟然開始咬我，力道大到我都流血了！是把我當成食物了嗎……？

171

與螞蟻爭奪介殼蟲！

紅環瓢蟲

Rodolia limbata

幼蟲的外型像手榴彈，吃柿草履介殼蟲（→ p.214）的幼蟲和成蟲維生。成蟲翅鞘的紅色邊緣是一大吸睛特點，有時會與保護柿草履介殼蟲的螞蟻大打出手，在昏暗處通常可以發現牠的蹤影。

分類 鞘翅目瓢蟲科	前翅長度 4～5.4mm	出現地區 北海道、本州、四國、九州
出現時期 （成蟲）全年、（幼蟲）4～6月	世代 一年一代	幼蟲的食物 柿草履介殼蟲
越冬型態 成蟲		

感謝！

中齡

柿草履介殼蟲雄蟲

中齡幼蟲

正在捕食柿草履介殼蟲雄蟲的中齡幼蟲。

剛化完的蛹，會在幼蟲的蛻殼內化蛹。

蛹

化蛹兩天後的蛹。

幼蟲

正在捕食柿草履介殼蟲幼蟲的終齡幼蟲，大約 8mm。

終齡

柿草履介殼蟲的幼蟲

終齡幼蟲

剛羽化的成蟲被幼蟲和蛹的蛻殼層層包圍。

羽化隔天的成蟲，不知道是在等身體完全長大，還是因為在蛻殼裡很舒適，好像不太願意出來。

到了羽化的第四天，終於肯出來了。

成蟲

成蟲的翅鞘邊緣是紅色的，非常漂亮。

成蟲的腹面，腳縮成一團，動也不動。

牠只是在裝死而已啦！

攻擊柿草履介殼蟲雌蟲的成蟲。

即使遭到與柿草履介殼蟲一起生活的堅硬雙針家蟻攻擊也不會逃走，繼續抗戰。

成蟲 →

柿草履介殼蟲

博士的觀察筆記

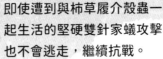

某年初夏，我在欄杆上觀察柿草履介殼蟲時，發現本來應該和雌蟲交配的雄蟲樣子很奇怪。仔細一看，結果牠不是雌蟲，而是咬住雄蟲腹部的紅環瓢蟲幼蟲。難不成這幼蟲知道柿草履介殼蟲群聚的時期跟地點，所以伺機等待雄蟲自投羅網？

食用真菌的黃色瓢蟲

柯氏素菌瓢蟲（黃瓢蟲）

Illeis koebelei

鮮豔的黃色瓢蟲。成蟲經常在欄杆上過冬；幼蟲和蛹身上有著豹紋圖案，會取食導致植物生病的白粉菌。

分類 鞘翅目瓢蟲科	體長 3.5～5mm
出現地區 本州、四國、九州、琉球群島	
出現時期 （成蟲）全年、（幼蟲）5～11月	世代 多代
幼蟲的食物 附著在植物的白粉菌	越冬型態 成蟲

終齡 終齡幼蟲，淡黃的底色上有一排非常清晰的黑色斑紋，相當美麗，大約 7mm。

幼蟲

蛹

前蛹

蛹和前蛹，蛹才剛化蛹完成。

蛹

完全變色的蛹，大約 4mm。

兩者都是蛹

成蟲的正面。

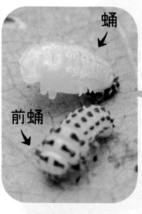

初春成群聚集在公園欄杆上的成蟲。

成蟲

成蟲那黃色的翅鞘與前胸的黑色斑紋令人印象深刻。

檔案蟲蟲 123

長在頭角上的橘毛充滿流行感

巨刺擬步行蟲

Toxicum funginum

分類	鞘翅目擬步行蟲科	體長	11～15mm

出現地區	北海道、本州、四國、九州、屋久島

出現時期	（成蟲）6～9月、（幼蟲）全年	世代	一年一代

幼蟲的食物	生長在枯木上的雙型附毛菌等真菌	越冬型態	幼蟲

雄蟲有著彷彿惡魔角的突起，突起的頂端還長著橘毛。

幼蟲

食用雙型附毛菌等真菌的終齡幼蟲，大約 20mm。

成蟲

雌蟲。

躲在樹幹空洞的成蟲，有隻雄蟲正與兩隻雌蟲窺探外面。

檔案蟲蟲 124

運用長長的腳在朽木上走來走去

黑藍隆背迴木蟲

Plesiophthalmus nigrocyaneus

分類	鞘翅目擬步行蟲科	體長	16.5～24.5mm

出現地區	北海道、本州、四國、九州

出現時期	（成蟲）5～10月、（幼蟲）10～隔年5月	世代	一年一代

幼蟲的食物	腐爛的木材、朽木中的昆蟲	越冬型態	幼蟲

羽化的成蟲。

蛹殼

成蟲

← 幼蟲的蛻殼

幼蟲

棲息在朽木中的終齡幼蟲呈圓桶狀，屁股是斜切狀，大約 30mm。

在櫻樹爬行的成蟲，腳很長，經常在樹幹或朽木上走來走去。

175

寄主鑲銹平唇蜾蠃（→ p.202）的巢穴，以及裡面的鑲銹平唇蜾蠃前蛹，前蛹體內已經被無紋巨噬蜂大花蚤的一齡幼蟲入侵。

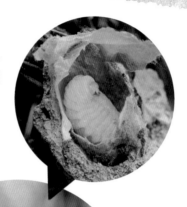

（→ p.202）

4月11日
大約 5mm

幼蟲從寄主的體內脫離之後會附生在表皮上，一邊吸食體液一邊成長。

無紋巨噬蜂
大花蚤的幼蟲

鑲銹平唇蜾蠃
的前蛹

幼蟲

4月16日
大約 9mm

蟲蟲檔案
125

從幼蟲再變成幼蟲？會「過變態」的昆蟲！

無紋巨噬蜂大花蚤

Macrosiagon nasutum

這麼多喝得完嗎？

幼蟲會寄生在泥壺蜂（蜾蠃）幼蟲或前蛹的外部，是一種會在幼蟲期進行「過變態」，也就是改變外觀的昆蟲。一齡幼蟲擁有長長的腳，但是到了二齡以後就會變成毛蟲型態。化蛹後的外表會變得跟外星人一樣驚人，最後羽化變成一身漆黑的成蟲。

| 分類 鞘翅目大花蚤科 | 體長 5～11mm | 越冬型態 幼蟲 |

| 出現時期 （成蟲）6～8月、（幼蟲）4～5月：7～8月 | 世代 一年二代 |

| 幼蟲的食物 寄生在泥壺蜂（蜾蠃）上 | 出現地區 本州、四國、九州、琉球群島 |

4月18日
大約 13mm

幼蟲背部有一排刺，會隨著
成長越來越明顯。

4月25日
大約 20mm

終齡

幾乎快要把鑲銹
平唇蜾蠃前蛹的
體液吸乾的終齡
幼蟲。

真的是一瞬大
一吋呢！

4月20日
大約 17mm

變態備忘錄

　　一齡幼蟲的腳和成蟲一樣可以四處走動，幸運的話，說不定可
以成功附著在蜾蠃雌蟲身上，讓牠們帶到巢穴裡，這樣就能提
升存活的機會。入侵蜂巢的一齡幼蟲會等待蜾蠃的幼蟲長大，再啃食外皮
進入體內。在寄主體內成長的一齡幼蟲到了二齡時，會一邊蛻皮，並再次
破壞蜾蠃幼蟲的外皮，從裡頭鑽出來。這個時候已經沒有長長的腳，外型
像毛毛蟲的二齡幼蟲會直接寄生在寄主身上，吸食體液生長。

一齡

蛹

蛹的頭部有突起，
大約 16mm。

鑲銹平唇蜾蠃的繭
裡有無紋巨噬蜂大
花蚤的蛹，快要羽
化時可以看到成蟲
的體色。

雌蟲，成蟲會聚集在花朵上，而雌蟲
會產下數千顆卵，但是卻只有幾隻孵
化的幼蟲能幸運的附在蜾蠃雌蟲身
上，成功進入牠們的巢穴內存活。

成蟲

博士的
觀察筆記

剛羽化的無紋巨噬蜂大花蚤肚子鼓鼓的，腳也軟弱無力，看起來簡直就像另一種昆蟲。但是過一段時間，牠們的身體就會
越來越強壯，展現真正面貌。不只是牠們，甲蟲和蜜蜂剛羽化的時候，身體狀態通常都不太穩定，在完全成熟前建議可以
在旁邊靜靜觀察。

利用斑紋圖案巧妙藏身

細長白紋星斑天牛

Mesosa longipennis

幼 蟲通常出現在朽木中，腳部已經退化，成蟲停留在樹幹上的時候反而不太容易被發現，身上經常被赤蟎寄生，有時甚至被嚴重寄生而看不到牠們的樣子。

分類 鞘翅目天牛科	體長 11～22mm

出現地區 北海道、本州、四國、九州、琉球群島

出現時期 （成蟲）4～9月、（幼蟲）8～隔年4月	世代 一年一代

幼蟲的食物 闊葉樹的枯木和砍伐的木材	越冬型態 幼蟲

在朽木中成長的終齡幼蟲，背部有一塊隆起。大約 28mm。

還是蛹的時候，長長的觸角會整個收起來，大約 16mm。

蛹

幼蟲 終齡

終齡幼蟲的腹面沒有腳。

剛羽化的成蟲。

停留在朽木上的成蟲，斑紋圖案與樹皮融合在一起，不太容易發現。

雄蟲

雌蟲

寄生在成蟲身上的赤蟎相當密集，偽裝也破功了，這畫面讓人不禁嘆為觀止。

成蟲

停留在朽木上的一對成蟲（上圖）。紅色部分是寄生在天牛體表的赤蟎（右圖）。

背著糞便保護身體的幼蟲

長頸金花蟲屬昆蟲

Lilioceris rugata

幼蟲的下半身較粗，習慣背著糞便，而且牠們排隊吃葉子的模樣相當逗趣。蛹是美麗的亮橘色，成蟲身體的顏色則是偏紅。

分類 鞘翅目金花蟲科		**體長** 6.2～8mm	
出現地區 本州、四國、九州			
出現時期 （成蟲）全年、（幼蟲）5～6月		**世代** 一年一代	
幼蟲的食物 日本薯蕷、山萆薢等植物的葉片		**越冬型態** 成蟲	

躲在山萆薢葉背的終齡幼蟲。

糞便

蛹

幼蟲

蛹是美麗的亮橘色，大約6mm。

正在吃山萆薢葉片的終齡幼蟲，大約7mm。

終齡

快要羽化時，複眼及翅膀會慢慢變成黑色。

剛羽化的成蟲。

成蟲的前胸比翅鞘的顏色稍微暗一些。

成蟲的頭部。

成蟲

出生後就一直和糞便為伴

糞金花蟲

Chlamisus spilotus

好厲害喔！

看起來好像糞便！

你在稱讚我嗎？

幼蟲身上會背著一個用自己的糞便做成的筒狀盒子（巢袋），移動時頭和腳會伸出來。成熟的幼蟲會在糞盒裡化蛹，羽化的成蟲看起來也跟毛毛蟲的糞便非常相似，牠們這一輩子真的是與糞便脫不了關係。

分類	鞘翅目金花蟲科	體長	2.7～3.5mm
出現地區	本州、四國、九州	出現時期	（成蟲）不明、（幼蟲）5～8月
幼蟲的食物	枹櫟、板栗、櫻樹等植物的葉片		

幼蟲

正在吃板栗葉片的終齡幼蟲

終齡

從糞盒（巢袋）中伸出頭和腳，慢慢爬行的終齡幼蟲，糞盒的長度大約5mm。

高度令人自豪的糞盒！

啊！引以為傲的糞盒竟然……

嘿咻！

嘿咻！

呼……這樣就放心了

用鑷子拉開糞盒時，因為幼蟲緊抓著葉子，結果就掉了下來，幼蟲立刻朝糞盒的方向移動，非常靈活的鑽到裡面。

老熟幼蟲鑽進糞盒後就會一動也不動，直接在裡面化蛹。

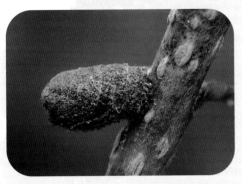

羽化前一天的蛹，複眼、大顎、腳爪和翅膀末端開始慢慢變色。

蛹

移除部分糞盒後看到的蛹，蛹大約 3.5mm。

幼蟲的蛻殼

羽化的成蟲會先在糞盒底部開個洞再鑽出來。

成蟲的腹面有凹槽，這樣頭和腳就能緊密貼合在身體上。

羽化的成蟲。

蛹殼

展開翅鞘的成蟲，後翅相當輕薄。對人非常敏感，只要一察覺到動靜，就會立刻展開翅膀，逃之夭夭。

成蟲

毛毛蟲的糞便與成蟲。

翻身仰躺的成蟲。

成蟲

一對正在交配的成蟲，左邊是雌蟲，右邊是雄蟲。

雌蟲產卵後會立刻用自己的糞便將卵蓋住。幼蟲孵化後會繼續把自己的糞便覆蓋在有媽媽糞便的卵殼上，形成筒狀的糞盒。

博士的

觀察筆記

千萬不要漏看緊緊黏在葉片上的小小糞粒！糞金花蟲喜歡吃板栗的葉片，所以很好養喔！

核桃葉片上的蛹像一串鈴鐺

胡桃金花蟲

Gastrolina depressa

幼蟲會集體食用核桃類植物的葉片，只要老熟，就會在葉片背面或葉柄上排成一列，懸掛之後再化蛹。成蟲身體扁平，懷有卵的雌蟲則是大腹便便。

分類	鞘翅目金花蟲科	體長	6.8～8.2mm
出現地區	北海道、本州、四國、九州		
出現時期	（成蟲）全年、（幼蟲）5～7月	世代	一年一代
幼蟲的食物	核桃楸、水胡桃等植物的葉片	越冬型態	成蟲

前蛹和蛹，左邊第一個剛化蛹，第二個是稍微有點顏色的蛹，第三個和第四個是已經變成原本顏色的蛹，蛹會懸掛在幼蟲蛻殼的尾端，大小約 6mm。

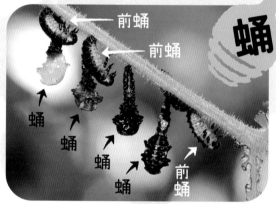

前蛹
前蛹
蛹
蛹
蛹
蛹
前蛹

蛹

終齡

幼蟲

啃食核桃楸葉片的終齡幼蟲，大約 9mm。

已經產下很多卵的雌蟲，但是肚子還是很大，好像快裂開了。

成蟲的體色非常像螢火蟲。

成蟲

集體啃食赤楊葉片

等節臀螢葉蚤

Agelastica coerulea

幼蟲和成蟲的身體顏色都是黑色的，幼蟲經常大量出現在赤楊上集體啃食葉片。老熟的幼蟲會鑽入土中化蛹，羽化後的成蟲也會回到赤楊上吃葉子。

分類	鞘翅目金花蟲科	體長	5.7～7.8mm

出現地區	北海道、本州、四國、九州

出現時期	（成蟲）全年、（幼蟲）5～7月	世代	一年一代

幼蟲的食物	赤楊、橙木等植物的葉片	越多型態	成蟲

卵

產在赤楊葉片背面的卵，快孵化時可以看到幼蟲的複眼及大顎，看起來就像整齊排列的不倒翁，大約長 1mm。

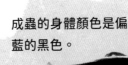

將赤楊葉片啃出洞的終齡幼蟲，吃過的痕跡呈網狀，大約 11mm。

只吃赤楊葉片背面的中齡幼蟲。

蛹

老熟幼蟲會鑽到土裡造土繭，土繭的長度大約 10mm。

土繭中的蛹，大約 6mm。

成蟲

成蟲的身體顏色是偏藍的黑色。

將蛻殼和糞便背起來當作盾牌的幼蟲

二星龜金花蟲

Thlaspida biramosa

大人小孩通通都有盔甲！

身體圓圓的，邊緣是半透明的金花蟲。幼蟲呈橢圓形，身體周圍有三十二根刺。用蛻殼和糞便做成的覆蓋物就像盾牌，可以保護身體。蛹的側邊有像筆尖的突起，簡直就像是來自宇宙的生物。

分類	鞘翅目金花蟲科	體長	7.8～8.5mm
出現地區	本州、四國、九州、琉球群島	出現時期	（成蟲）全年、（幼蟲）5～7月
世代	一年一代	幼蟲的食物	日本紫珠等植物的葉片	越冬型態	成蟲

幼蟲

抬起覆蓋物的樣子

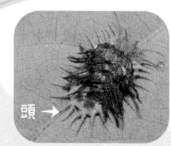

終齡幼蟲，左下是頭部，大約 8mm。

頭 →

終齡

移除覆蓋物的終齡幼蟲。細長的尾部有突起，而且上面還有一點覆蓋物。

頭

中齡

頭

覆蓋物的形狀真的很奇特！

在日本紫珠葉上的中齡幼蟲，大約 3.5mm。腹部末端的突起有一個用蛻殼和糞便做成的覆蓋物，一旦察覺有天敵，就會移動覆蓋物保護自己。

從側面觀察幼蟲時，可以看見平常藏起來的頭與腳。

蛹

剛化蛹的蛹，大約 7mm。

化蛹過兩天的蛹。

成蟲

如同塑膠般的身體！

剛羽化的成蟲。

成蟲的腹面。

成蟲的翅鞘與前胸有一部分是半透明的，和幼蟲一樣都是吃日本紫珠等植物的葉片。

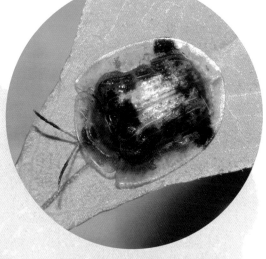

一對正在交配的成蟲。

雌蟲

雄蟲

博士的觀察筆記

日本紫珠的葉片如果出現很多橢圓形的洞，那一定是二星龜金花蟲吃過的痕跡。在這種情況之下，可能會有幼蟲、蛹或成蟲黏在葉子背面，大家一定要仔細觀察看看喔！

用小小的身體製造巨大的搖籃

魯氏長頸捲葉象鼻蟲

Cycnotrachelus roelofsi

雄蟲的脖子（後頭部）跟鶴一樣長，所以牠們的日文名字裡才會有「鶴頸」這兩個字。幼蟲通常會將野茉莉的葉片捲起來做成巢穴（搖籃），在裡面舒適的成長，老熟之後就直接化蛹。

分類 鞘翅目捲葉象鼻蟲科	體長 ♂ 8～9.5mm、♀ 6～7mm
出現地區 北海道、本州、四國、九州	
出現時期 （成蟲）全年、（幼蟲）4～8月	世代 一年二代
幼蟲的食物 野茉莉、玉鈴花等植物的葉片	越冬型態 成蟲

用野茉莉製成的巢（搖籃），大約長 18mm。

初齡

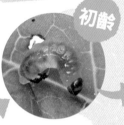

初齡幼蟲，大約 3mm。

幼蟲

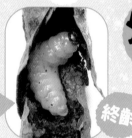

終齡

終齡幼蟲，大約 7mm。

卵

巢的剖面，有顆卵產在正中央。卵的直徑大約 1.3mm。

蛹

從巢穴中取出的蛹，脖子（後頭部）很長，因此是雄蟲，身體縮成一團時大約 5mm。

成蟲

準備起飛的雄蟲，對人的動靜非常敏感，一旦察覺就會立刻飛走。

雄蟲

雄蟲的後頭部很長。

雌蟲的後頭部較短，體型與其他捲葉象鼻蟲相似。

正在築巢的雌蟲。

雌蟲

利用宛如鷸科鳥喙的長型口吻在橡實上鑽洞

麻櫟象鼻蟲

Curculio robustus

長長的口吻類似鷸科鳥類的長嘴，幼蟲在橡實裡成長，成熟後會鑽洞，爬出橡實再鑽進土裡，蛹期已經有一個非常漂亮的長口吻。

分類 鞘翅目象鼻蟲科	體長 9～10mm
出現地區 本州、四國、九州	
出現時期 （成蟲）8～10月、（幼蟲）9～11月	
世代 一年一代	幼蟲的食物 麻櫟、槲樹等植物的種子（橡實）
越冬型態 幼蟲	

從麻櫟橡實出來的終齡幼蟲，又稱為「橡實蟲」，大約 12mm。會鑽進土裡過冬，並在隔年夏初變成蛹。

終齡

幼蟲

蛹身上有著又粗又長的口吻，與象鼻非常相似，大約 12mm。

蛹

雌蟲準備起飛的瞬間

雄蟲

雌蟲

一對正在交配的成蟲，雌蟲會利用長長的口吻在橡實鑽洞，再將產卵管插入洞內產卵。

成蟲

在蟲癭中成長的貓熊蟲

鳥糞象鼻蟲

Ornatalcides trifidus

呵呵呵！
我就不信這樣
會沒有人氣……

黑白兩色構成的體色為牠們贏得了「貓熊蟲」這個暱稱。幼蟲會在野葛莖梗上的蟲癭成長，每個蟲癭大約會有五隻幼蟲同住，只要成熟長大，就會分別在裡頭化蛹。

分類 鞘翅目象鼻蟲科	前翅長度 9～10mm	出現地區 本州、四國、九州
出現時期 （成蟲）全年、（幼蟲）7～8月		世代 一年一代
幼蟲的食物 野葛莖梗上的蟲癭內部		越冬型態 成蟲

幼蟲

雌蟲產卵之後，野葛莖梗會慢慢膨脹形成蟲癭，躲在蟲癭裡的是中齡幼蟲。

巨大的蟲癭裡有三隻終齡幼蟲。

終齡

中齡

終齡幼蟲，身體縮成一團時大約8.5mm。

牠們會吃蟲癭裡的東西長大喔！

蛹

蛹長得好可愛喔！

幼蟲的蛻黏在蛹的尾端，大約 9mm。

快要羽化時，可以看見成蟲體色的蛹。

羽化，脫掉薄薄的蛹殼，慢慢伸展後翅，黑白的貓熊圖案會隨著時間慢慢浮現。

蛹殼 →

成蟲

雄蟲

雌蟲

在葉子上裝死的成蟲，只要察覺到危險就會立刻掉落，保護自己的安危。

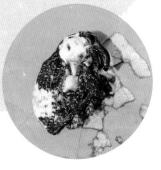

成蟲看起來很像鳥糞。

在蟲瘦中羽化的四隻成蟲。

博士的觀察筆記

大多數的昆蟲被天敵襲擊時，會以掉落的方式躲避天敵。如果能順利掉到地面或草叢裡的話那還好，如果不小心掉到葉子上，反而會因為更加顯眼而陷入危險。不過，因為鳥糞象鼻蟲的外表像鳥糞，就算掉到葉子上也看不出來，簡直就是「偽裝專家」。

長野縣名產「佃煮蟲」的真面目

斑紋角石蛾

Stenopsyche marmorata

幼蟲棲息在河裡，通常會在石縫中結網，吃捕撈的有機物長大。蛹柔軟，有長長的觸角。成蟲對人的動靜非常敏感，一旦察覺就會立刻飛走。

分類 毛翅目角石蛾科	前翅長度 17～27mm

出現地區 北海道、本州、四國、九州

出現時期 （成蟲）4～6月；9～11月、（幼蟲）全年	世代 一年二代

幼蟲的食物 隨著河水漂來的藻類及落葉	越冬型態 幼蟲

在河床上爬行的幼蟲。

幼蟲

卵會整塊產在河床的石頭背面，卵的長度大約 0.6mm。

卵

終齡

躲在巢中的終齡幼蟲，大約 40mm，會在河床的石頭中將小石子拼湊起來做成巢，同時在周圍織網，以便捕食河中的有機物。在長野縣的伊那谷地區會做成「佃煮蟲」來食用。

從繭中取出的蛹，快要羽化時，成蟲的體色會越來越清楚，大約 20mm。

蛹有銳利又壯觀的大顎，羽化時可以用來咬洞，以便從蛹裡鑽出來。

蛹

在河床的石頭中將小石子拼湊起來做成的繭，大約 30mm。

成蟲

河川附近經常可以看到成蟲。

檔案 蟲蟲 136

身上背著用小石堆成
的巢來保護自己

日本瘤石蛾
Goera japonica

| 分類 毛翅目瘤石蛾科 | 前翅長度 8 ~ 14mm |
| 出現地區 北海道、本州、四國、九州、屋久島 |
| 出現時期 （成蟲）4 ~ 10 月、（幼蟲）全年 | 世代 一年一～二代 |
| 幼蟲的食物 水中石頭上的藻類 | 越冬型態 幼蟲 |

幼蟲

巢的長度大約 12mm，在山口縣岩國市錦帶橋附近販賣的特產「石人形」就是以這種巢為材料製成的。

幼蟲的頭部，長大後會將巢固定在石頭底下，加上蓋子後在裡頭化蛹。

成蟲會在河川附近出現，有趨光性，看起來很像棕色的蛾。

成蟲

檔案 蟲蟲 137

吃真菌長大，
看起來很像蚯蚓的幼蟲

角菌蚊屬昆蟲
Keroplatus gen.sp.

| 分類 雙翅目角菌蚊科 | 體長 大約 8mm |
| 幼蟲的食物 生長在枯木上的雙型附毛菌等真菌 |

成蟲頭部的觸角相當發達。

成蟲

棲息在雙型附毛菌這種蕈菇裡的終齡幼蟲，會散發微弱的光，外表看起來就像有刻度的小蚯蚓，大約 8mm。

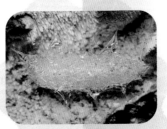

被膜狀黏液包裹著的繭閃閃發亮，相當美麗，大約 13mm。

幼蟲

蛹

幼蟲會吃孑孓，成蟲會吸鳥類的血

貪食家蚊

Lutzia vorax

大型蚊子，雌蟲只會吸食鳥類的血，不會吸食人類的血，幼蟲通常出現在積水的容器或水田裡，並且捕食孑孓（其他蚊子的幼蟲）長大。

分類	雙翅目蚊科	體長	大約 7mm

出現地區	北海道、本州、四國、九州、琉球群島

世代	多代	幼蟲的食物	蚊子、搖蚊及蠓科的幼蟲

越冬型態	成蟲

終齡幼蟲，大約 9mm，具有發達的大顎，可以捕食其他孑孓。

呼吸管

停留在蓄水池裡的終齡幼蟲，為了呼吸而將腹節末端的呼吸管伸出水面。

終齡

蛹

幼蟲

蛹大約 4mm，因為長有像鬼一樣的角（呼吸角），所以又稱為「鬼孑孓」。

成蟲

雌蟲會吸食鳥類的血，但不會吸食人血。

口器
小顎鬚
觸角

雌蟲

雄蟲

雄蟲的觸角和小顎鬚相當發達。

變態備忘錄
蚊科昆蟲主要以花蜜及果汁為食，會吸食動物血液的通常只有即將產卵的雌蟲，雄蟲並不吸血。

吃螞蟻幼蟲長大的圓頂狀外星人

日本巢穴蚜蠅

Microdon japonicus

分類	雙翅目食蚜蠅科	體長	11～14mm
出現地區	本州、四國、九州		
出現時期	（成蟲）4～6月、（幼蟲）7～隔年3月		
世代	一年一代	幼蟲的食物	螞蟻的幼蟲和蛹
越冬型態	幼蟲		

幼蟲的外觀是奇特的圓頂狀，會入侵日本毛山蟻的巢穴，吃掉螞蟻的幼蟲及蛹，大約10mm。

幼蟲

蛹

圍蛹，外層是硬殼，有一對呼吸管，大約10mm。

幼蟲會在蟻巢中成長，因此也被稱為「蟻巢虻」。

成蟲

平衡棍

變態備忘錄

雙翅目昆蟲的後翅有個小小的棍狀器官叫「平衡棍」，飛行時有助於感知氣流，保持身體平衡。

漂浮在水中的奇怪幼蟲

狹帶條胸蚜蠅

Helophilus eristaloideus

分類	雙翅目食蚜蠅科	體長	10～15mm
出現地區	北海道、本州、四國、九州		
出現時期	（成蟲）全年、（幼蟲）不明		
幼蟲的食物	水中的腐植土和動物屍體	越冬型態	成蟲

幼蟲

用於呼吸的呼吸管從腹節末端延伸出來。

在蓄水池裡的幼蟲，身體呈半透明，具有細長的呼吸管，不計算呼吸管的長度，體長約17mm。

雄蟲，成蟲外型像蜂類，經常聚集在花朵上。

成蟲

偷偷捲曲在櫻花葉背面

櫻花葉蜂

Allantus nakabusensis

幼蟲是淡綠色的，牠們經常將身體縮成一團躲在櫻花葉的背面，化蛹的時候會鑽入枯木中，成蟲是清爽的黃綠色，腹部有一排黑色花紋。

分類 膜翅目葉蜂科	體長 大約 7mm

出現地區 北海道、本州、四國、九州

出現時期 （成蟲）4～10月、（幼蟲）5～9月

世代 一年至少二代　幼蟲的食物 櫻樹類的葉片

中齡

亞終齡幼蟲，大約 17mm。

正在吃櫻樹葉背的中齡幼蟲，大約 8.5mm。

幼蟲的頭部。

幼蟲

終齡

剛蛻皮的終齡幼蟲與蛻殼，終齡時，身體會稍微縮小，而且什麼也不吃，大約 14mm。

蛹

蛹是明亮的翠綠色，大約 9mm。

前蛹，頭部和眼睛的顏色偏白，看起來像是沒有生命。

雌蟲，葉蜂這一類昆蟲是沒有毒針的。

成蟲

雌蟲羽化。

外型圓潤的可愛幼蟲竟然變成威風的成蟲

黃腹錘角葉蜂

Leptocimbex yorofui

外 型像長腳蜂，但是沒有毒針，一般認為
地們是利用這種方法來保護自己。幼蟲
是明亮的翠綠色，顯眼的黑眼睛相當討人喜
歡，可以在櫟樹類葉片背面找到幼蟲的蹤影。

分類 膜翅目錘角葉蜂科	**體長** 15～20mm
出現地區 本州、四國、九州	
出現時期 （成蟲）5～7月、（幼蟲）8～10月	
世代 一年一代	**幼蟲的食物** 櫟樹類 **越冬型態** 前蛹

幼蟲

正在吃櫟樹葉片的中齡幼蟲。

停留在櫟樹葉上
的老齡幼蟲，大
約 35mm。

幼蟲的頭部。

在櫟樹葉片背面的中齡幼
蟲，和尚頭和黑色的眼睛
（小眼）相當可愛，大約
12mm

中齡

老齡

四處爬行的幼蟲，
呆萌的模樣讓人百
看不厭。

成蟲

雌蟲的正面，
雄蟲的大顎會
更碩大。

蛹

木片背面的繭，
大約 20mm。

剛羽化的雌蟲，雖
然與長腳蜂相像，
但是屬於葉蜂，沒
有毒針。

在朴樹葉背面的中齡幼蟲，大約10mm。

中齡

捲起來之後就像日文的「の」！

幼蟲

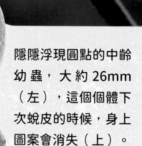

隱隱浮現圓點的中齡幼蟲，大約26mm（左），這個個體下次蛻皮的時候，身上圖案會消失（上）。

圓圓的眼睛好可愛！

在朴樹上的時尚幼蟲

朴童錘角葉蜂

Agenocimbex maculatus

好漂亮的圓點喔！

什麼？我會害羞啦！

成蟲雖然沒有毒針，不過外表會讓人以為是刻意模仿帶有毒針的花蜂。幼蟲身上有些有圓點，有些沒有。通常會在朴樹葉背面發現牠們的蹤影，而且身體會蜷縮，就像日文的「の」，動也不動的待著。

分類	膜翅目錘角葉蜂科	體長	14～18mm	出現地區	本州、四國、九州
出現時期	（成蟲）4～5月、（幼蟲）5～6月	世代	一年一代		
幼蟲的食物	朴樹、狹葉朴的葉片	越冬型態	前蛹		

身上沒有圓點圖案的老齡幼蟲，大約 45mm。

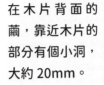

老齡

隔天準備做繭的幼蟲。

有圓點圖案的老齡幼蟲。

在木片背面的繭，靠近木片的部分有個小洞，大約 20mm。

蛹

成蟲

成蟲的頭部

在朴樹上產卵的雌蟲。

羽化的成蟲體色和體型與花蜂相似。

成蟲腹部也有黑色的圓點花紋喔！

博士的

觀察筆記

吃葉子長大的葉蜂類幼蟲外觀與鱗翅目的幼蟲相似，但是只有一對眼睛（小眼）及有多對的腹足為特徵。圓滾滾的外型與呆萌的走路模樣看起來非常可愛，大家一定要仔細觀察喔！

吸食象鼻蟲蛹體液成長的吸血鬼

長尾姬蜂的一種

Ephialtini gen. sp.

幼蟲會寄生在鳥糞象鼻蟲（→ p.188）的蛹體外部，以沒有腳的蛆型態，附在寄主的身體表面吸食體液，只要短短幾天就會迅速長大。

分類 膜翅目姬蜂科	體長 大約 9mm
出現地區 本州	
幼蟲的食物 寄生在鳥糞象鼻蟲身上	

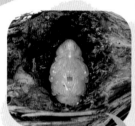

鳥糞象鼻蟲的蛹，打開蟲癭的樣子。

幼蟲

開始做繭的幼蟲。

大功告成的繭，大約 8mm。

蛹

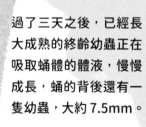

過了三天之後，已經長大成熟的終齡幼蟲正在吸取蛹體的體液，慢慢成長，蛹的背後還有一隻幼蟲，大約 7.5mm。

終齡

繭中的蛹，大約 7mm。

快要羽化時，可以看見成蟲體色的蛹。

羽化的過程中，把長長的觸角拉出來時最困難。

成蟲

下圖為雄蟲，雌蟲腹部末端有條細長的產卵管，沒有毒針。

從毛毛蟲體內鑽出來的幼蟲

小腹繭蜂的一種

Microgastrinae gen.sp.

幼蟲寄生在弓紋蟻舟蛾的幼蟲體內，老熟後會離開寄主，在外結繭化蛹。成蟲是一種小而黑的蜂，從單一寄主身上可以羽化出許多個體。

| 分類 | 膜翅目小繭蜂科 | 體長 | 大約3mm |

分類 膜翅目小繭蜂科　體長 大約3mm
出現地區 琉球群島
幼蟲的食物 寄生在弓紋蟻舟蛾身上

繭中的蛹，大約 3.5mm。

幼蟲從毛毛蟲（弓紋蟻舟蛾的幼蟲）體內鑽出來之後就會立刻結繭化蛹，大約 5mm。

完成的繭，這時毛毛蟲會繼續存活一段時間，每個繭大約 4～5mm。

幼蟲

終齡

蛹

成蟲

從繭中鑽出來的成蟲已經展開翅膀，準備起飛，身上沒有毒針。

從繭裡慢慢鑽出來的成蟲。

寄生在同一隻毛毛蟲身上的成蟲，數量眾多，至少有六十隻。

毛毛蟲的身體開了神祕的白色花朵！？

枯落葉裳蛾寄生蜂

Euplectrus noctudiphagus

幼蟲會寄生在枯落葉裳蛾（→ p.138）的幼蟲外部，長大之後外型像花朵，最後會分散在寄主的身體表面結繭化蛹，成蟲是帶有紅色複眼的小蜂。

分類	膜翅目釉小蜂科
出現地區	本州、九州
體長	大約 3mm
幼蟲的食物	寄生在枯落葉裳蛾身上

眾多初齡幼蟲，幼蟲會注入消化液到寄主的體內再吸食。

幼蟲

正在結繭的幼蟲，吐出的絲會將毛毛蟲完全包起來。

過一段時間後，毛毛蟲就會被絲線包覆，形成巨大的繭。

眾多終齡幼蟲聚集，彷彿盛開的花。

看了讓人大吃一驚耶！

初齡

終齡

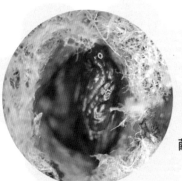

繭中的蛹。

蛹

成蟲沒有毒針。

成蟲

吃媽媽收集的沫蟬長大

三帶沙蜂

Gorytes tricinctus

會在土中建立巢穴，捕捉海濱尖胸沫蟬等沫蟬的成蟲，再叼到巢裡當作幼蟲的食物。有時候會在住家的庭院或盆栽裡築巢。雌蟲有毒針。

分類	膜翅目銀口蜂科	體長	10～14mm

出現地區	北海道、本州、四國、九州

出現時期	（成蟲）5～9月、（幼蟲）不明

幼蟲的食物	母蜂抓來的沫蟬	越冬型態	前蛹

繭中的前蛹，會以此姿態過冬。

蛹

繭，大約15mm。

挖出盆栽裡的巢，聚集在海濱尖胸沫蟬體內的蛆狀幼蟲與成蟲都跑出來了。

正在取食海濱尖胸沫蟬的幼蟲。

終齡

大約在春天結束時化蛹。

即將羽化時，可以看見成蟲體色的雌蛹，大約13mm。

幼蟲

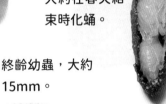

終齡幼蟲，大約15mm。

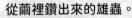

從繭裡鑽出來的雄蟲。

從巢穴拉出空繭的雌蟲。雌蟲的臉是黃色的。

成蟲

羽化的雄蟲。

雄蟲的頭部。

不要碰我！

將泥土築成鐘狀巢穴的工匠

鑲銹平唇蜾蠃

Oreumenes decoratus

是一種大型蜾蠃，牠們習慣在牆壁等地方用泥巴築巢，而且巢的形狀類似土鈴，所以又被稱為泥壺蜂，會捕捉尺蛾科的幼蟲，叼到巢內讓幼蟲食用，雌蟲有毒針。

分類	膜翅目胡蜂科	體長	17～26.5mm

出現地區	北海道、本州、四國、九州、屋久島

出現時期	（成蟲）6～10月、（幼蟲）不明

幼蟲的食物	母蜂捕獲的尺蛾幼蟲	越冬型態	前蛹

幼蟲

柱子上的蜂窩，打開後發現裡頭有兩間空的育嬰房，還有一間已經有前蛹的育嬰房，看起來簡直就像用泥巴做成的面具。

蛹

幼蟲正在育嬰房食用母蜂抓來的毛毛蟲（尺蛾科幼蟲），長大之後會造一個薄如糯米紙的繭，用前蛹的狀態過冬，大約18mm。

前蛹會在初夏時變成蛹。

快要羽化時，蛹的顏色會越來越深。

從繭中取出的蛹，約27mm。

不要碰我！

正在製作泥團，當作築巢材料的雌蟲。

成蟲

超級危險！世界上體型最大的虎頭蜂

中華大虎頭蜂

Vespa mandarinia

不要碰我！

世 界上體型最大的虎頭蜂，惹怒牠的話可能會被攻擊，甚至被毒針螫傷，習慣在樹洞裡或地底下築巢，如果太靠近巢穴就會遭到蜂群的攻擊，非常危險。

分類	膜翅目胡蜂科	體長	蜂后約長 40～44mm，工蜂約長 26～38mm

出現地區	北海道、本州、四國、九州、屋久島

出現時期	（成蟲）全年、（幼蟲）5～9月	世代	1年期（蜂后）

幼蟲的食物	工蜂和蜂后提供的營養食物	越冬型態	成蟲

卵

從地底挖出的巢穴，六角形的育嬰房裡有卵和幼蟲，牠們會在白色蓋子的房間裡化蛹，在裡面睡覺。

一邊與同伴溝通，一邊攻擊黃邊胡蜂巢穴裡的工蜂，有時也會襲擊蜜蜂和其他胡蜂的巢，甚至將牠們全部消滅。

工蜂正準備用腹節末端的毒針刺向黃邊胡蜂。

將幼蟲的肉片從黃邊胡蜂的巢中叼出來的工蜂。

幼蟲

成蟲

攻擊寬腹斧螳，將其做成肉丸子的工蜂。

工蜂聚集在滲出樹液的麻櫟樹上。

在朽木中越冬的新女王。蜂后、工蜂及雄蜂都會在秋天死亡，到了隔年，只有一隻新女王會開始築新巢。

繭蓋的顏色是鮮豔的檸檬黃

日本長腳蜂

Polistes nipponensis

不要碰我！

山野中常見的長腳蜂，巢穴通常會搭建在樹枝或葉背上，以黃色的繭蓋為特徵。繭蓋會稍微隆起，所以非常明顯，幼蟲看起來好像戴著太陽眼鏡，外型非常有趣，工蜂和蜂后都有毒針。

分類	膜翅目胡蜂科	體長	蜂后約長 16mm，工蜂約長 13 ～ 16mm
出現地區	北海道、本州、四國、九州、屋久島		
出現時期	（成蟲）全年、（幼蟲）5 ～ 9 月	世代	一年一代（蜂后）
幼蟲的食物	工蜂和蜂后提供的營養食物	越冬型態	成蟲

唯一可以熬過冬天的蜂后，初夏就會開始建造新的蜂巢，並在裡面產卵。

變大的蜂巢，工蜂會用嘴巴將食物傳遞給幼蟲，成蟲羽化後留下的繭蓋上有個圓圓的切痕，看起來很像人孔蓋。

幼蟲的身體好圓潤喔！

卵

板栗葉背的蜂巢，工蜂處於警戒狀態，靠近蜂巢的時候可能會遭到蜂群攻擊、被毒針螫傷，要特別小心，六角形的育嬰房裡有卵和大大小小的幼蟲，成熟的幼蟲會製造黃色的繭，當作育嬰房的蓋子。

幼蟲

終齡

從育嬰房取出來的終齡幼蟲，大約 24mm。

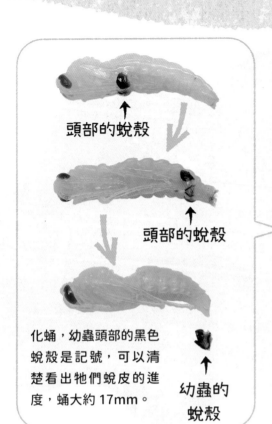

↑
頭部的蛻殼

↑
頭部的蛻殼

化蛹，幼蟲頭部的黑色蛻殼是記號，可以清楚看出牠們蛻皮的進度，蛹大約 17mm。

↑
幼蟲的蛻殼

蛹

快要羽化的蛹。

開始變色的蛹。

剛羽化的雄蟲。

雌蟲（工蜂）正抬高屁股做威嚇狀，身上有毒針，所以很危險。

雌蟲

蛹殼
↓

幼蟲的蛻殼
↓

成蟲

雄蟲的頭部是白色，觸角較長，與雌蟲不同，身上沒有毒針，所以不必擔心被螫。

雄蟲

博士的
觀察筆記

某天我發現了一巢日本長腳蜂，正興高采烈的不停拍照時，一隻工蜂突然以驚人的速度朝我飛來，用力撞我的額頭，然後又立刻飛回蜂巢。雖然沒有受傷，但我懷疑牠是不是本來打算攻擊我的眼睛……越想越害怕，忍不住全身冒冷汗，果然還是不要太靠近蜂巢比較好。

5月16日

完成婚飛之後，翅膀脫落的新女王，大約 19mm，通常會維持這個狀態，在柔軟的朽木等地方築巢。

還沒脫下翅膀的新女王。

5月20日

將產下的卵唧在嘴裡的新女王。牠會利用儲存在體內的養分扶養幼蟲，在工蟻羽化前停止進食。

卵

6月13日

茁壯成長的幼蟲，根據孵化的時間不同，幼蟲的大小也不一樣。

幼蟲

6月22日

先長大的幼蟲開始結繭。

在朽木築巢的大型螞蟻

暗足巨山蟻

Camponotus obscuripes

胸部和腹部有一部分是紅色的大型螞蟻。巢穴通常會搭建在倒木或朽木之中，近千隻的工蟻會在這個大型巢穴中生活。五至六月左右，如果能採集到剛結束婚飛的新蟻后回來飼養，仔細觀察牠們飼養工蟻的過程應該會很有趣。

分類	膜翅目蟻科	體長	蟻后約長 19mm，工蟻約長 7～12mm

出現地區	北海道、本州、四國、九州、屋久島

出現時期	（成蟲）全年、（幼蟲）全年	世代	一年一代（蟻后）

幼蟲的食物	工蟻和蟻后提供的營養食物	越冬型態	幼蟲、成蟲

7月1日

蛹

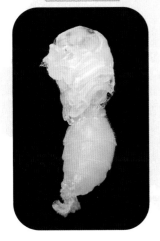

從繭中取出的蛹,大約6mm。

8月12日

數隻雌蟲工蟻,夏天結束時,通常牠們不太會活動,一直持續到冬天結束。

成蟲

7月6日

蟻后正在舔舐好不容易羽化的第一隻工蟻的身體,工蟻大約7mm,當工蟻可以離開巢穴找食物時,蟻后就會張口接受餵食。

7月21日

工蟻數量慢慢增加。

蟻后可以活上十到二十年呢!

以嘴巴傳遞食物的工蟻,工蟻的體型大小各有不同,體型較大的可以達12mm。

圍繞在日本油蟬屍體旁的一群工蟻。

野外的蟻后和工蟻會在朽木築巢,準備過冬。

婚飛後停在欄杆上的一對成蟲,上面是雄蟲,交配結束後,新后會開始尋找適合築巢之處,準備建立新的家族。

博士的
觀察筆記

每種螞蟻進行婚飛的時期各有不同,體型較大而且比較容易發現的是日本巨山蟻及暗足巨山蟻,五～六月的時候,通常可以在本州的平原地區發現牠們的蹤影。

不是蛇也不是蜻蜓

黃石蛉

Protohermes grandis

黃石蛉的日文叫「蛇蜻蜓」，就分類而言，牠們和蜻蛉目昆蟲的關係相差甚遠。成蟲的翅膀像蟬，幼蟲則是在溪流中長大。不管是成蟲還是幼蟲個性都很粗暴，動不動就咬人，連蛹也是一樣。

分類	廣翅目魚蛉科	前翅長度	45～60mm

出現地區	北海道、本州、四國、九州、種子島、屋久島

出現時期	（成蟲）5～9月、（幼蟲）全年

世代	一年一代（幼蟲期間二～四年）	幼蟲的食物	水生昆蟲

越冬型態	幼蟲

終齡幼蟲，腹部有八對外型像腳的突起（絲狀突起、側腹突起），看起來像是住在水底的蜈蚣。大約 50mm。

終齡

幼蟲的頭部有尖銳的大顎，如果抓牠，很有可能會被咬。成熟的幼蟲會爬上陸地，並在石頭下方或朽木中化蛹。

身體縮成一團的幼蟲，又稱為「孫太郎」。以前的人會把幼蟲烤黑，磨粉之後當作藥來使用，據說愛哭鬧及常常夜啼的孩子吃了之後，狀況就會好轉。

幼蟲

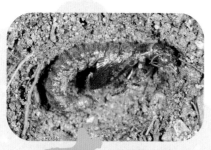

蛹只要一被碰觸就會張開大顎，準備咬人。

蛹

成蟲的頭部

展開翅膀的雌蟲。夜晚經常飛到溪流附近的燈源處。

成蟲被抓時會突然轉頭咬人。

成蟲

蟲蟲檔案 153

看在德國人眼裡
像駱駝？

日本盲蛇蛉

Inocellia japonica

| 分類 | 蛇蛉目盲蛇蛉科 | 前翅長度 | 8～12mm |

| 出現地區 | 北海道、本州、四國、九州 |

| 出現時期 | （成蟲）4～7月、（幼蟲）不明 |

| 世代 | 一年一代（幼蟲期間不明） |

| 幼蟲的食物 | 樹皮下的昆蟲等小動物 | 越冬型態 | 幼蟲 |

幼蟲

棲息在枯木裡的終齡幼蟲，吃白蟻等昆蟲長大，大約10mm。

成蟲

雌蟲

雄蟲

雌蟲擁有長長的產卵管。日文叫「駱駝蟲」，來自德語「Kamelhalsfliegen」，意思是「脖子跟駱駝一樣的有翅昆蟲」。

蟲蟲檔案 154

長長的觸角和大大的
眼睛相當迷人

日本蝶角蛉

Libelloides ramburi

| 分類 | 脈翅目蟻蛉科 | 前翅長度 | 22～25mm | 出現地區 | 本州、九州 |

| 出現時期 | （成蟲）4～6月、（幼蟲）不明 |

| 世代 | 一年一代（幼蟲期間不明） |

| 幼蟲的食物 | 昆蟲等小動物 | 越冬型態 | 幼蟲 |

成群的一齡幼蟲和卵殼，看起來很像植物的種子。

幼蟲

幼蟲擁有尖銳的大顎，可以捕食其他昆蟲。

成蟲

雄蟲的正面。

雄蟲，雖然日文名字中有蜻蜓，卻是蟻獅（成蟲叫做蟻蛉）的同類，經常在河邊的草原上翱翔，並捕食其他昆蟲。

胸毛沙阱蟻蛉

「蟻獅」是什麼蟲？令人驚訝的一生

Myrmeleon formicarius

天空好遼闊喔！

這一類的幼蟲又稱為「蟻獅」，牠們會在乾燥的地表上做一個錐形的巢穴，捕食迷路的昆蟲，牠們會將砂粒堆疊成球形的繭，在裡頭化為外型奇妙的蛹。成蟲擁有一對透明的大翅膀，飛翔的姿態十分優雅。

分類	脈翅目蟻蛉科	前翅長度	35～40mm	出現地區	北海道、本州、四國、九州
出現時期	（成蟲）6～9月、（幼蟲）全年			幼蟲的食物	地表上的昆蟲等小動物
越冬型態	幼蟲				

幼蟲

從巢穴出來的終齡幼蟲，中足較長，能支撐肥大的身體，不計算大顎的話，大約13mm。

屋簷下的幼蟲巢穴。

吸完獵物的體液之後，牠們會直接把空殼丟到巢穴外。

終齡

大顎有力的！

終齡幼蟲的腹面。

把幼蟲巢穴裡頭掙扎的毛毛蟲（蛾類幼蟲）拉出來時，連咬著獵物的幼蟲也一起拉出來了，大顎裡有兩根管子，可以像吸管一樣吸食體液。

抓到螞蟻的幼蟲，牠們會將巢底的沙子往上噴，獵物滑落後再用大顎咬住。

將砂粒堆疊起來做成的繭，直徑大約15mm。

蛹

好像一隻怪鳥喔！

從繭中取出的蛹，身體縮成一團時大約10mm。

快要羽化時，蛹的顏色會越來越深。

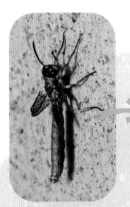    

羽化，破蛹而出的成蟲會先移動到附近的牆壁或樹枝上，再慢慢伸展翅膀。

成蟲體長大約33mm，從小小的蛹變成這麼大的成蟲簡直像變魔術一樣，非常神奇。

成蟲的頭部

成蟲

幼蟲的蛻殼

蛹殼

成蟲。

展開翅膀的成蟲。

博士的

觀察筆記

蟻蛉的幼蟲又稱為「蟻獅」，但是有很多種類其實是不築巢的。

在樹上尋找獵物的小小吸血鬼

鈴木草蛉

Chrysoperla suzukii

幼蟲經常出現在樹上，而且會在枝幹及樹葉上四處走動，以捕食蚜蟲等昆蟲。會從屁股拉絲，做成球狀的繭，羽化時，蛹會先從繭裡面出來再移動。

分類 脈翅目草蛉科	前翅長度 大約 15mm

出現地區 本州、四國、九州

出現時期 （成蟲）4～11月、（幼蟲）5～8月

幼蟲的食物 蚜蟲的同類　**越冬型態** 成蟲

卵

參考 紅肩草蛉的卵，草蛉的卵通常都會有一個像絲線的卵柄，這種草蛉的卵柄則都連在一起，形成一束。

捕食蚜蟲類昆蟲的終齡幼蟲會把大顎（裡面有細管通過）當作吸管，迅速吸食體液，大約 9mm。

幼蟲

蛹

利用從屁股拉出的絲做成繭，形成美麗的白色球形繭，直徑大約4mm。

參考 一種草蛉的蛹從繭裡爬出來準備羽化，成蟲的身體在蛹裡已經完成的情況稱為「隱現成蟲」。

成蟲的頭部，草蛉科昆蟲大多非常相似，可以從頭部斑紋來判斷。

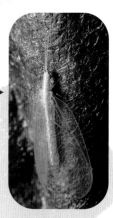

停留在欄杆上的成蟲。

參考 脫掉蛹殼，伸展翅膀的其中一種草蛉。

成蟲

第3章

不完全變態
～不會化蛹的昆蟲～

最後一章要為大家
介紹不會變態的
昆蟲喔！

原來如此！

雌蟲是糙瓷鼠婦？雄蟲是蒼蠅？

柿草履介殼蟲

Drosicha corpulenta

雄蟲和雌蟲的外觀完全不同，雌蟲沒有翅膀，腳短短的，看起來好像穿了草鞋；雄蟲則擁有黑色的大翅膀，長得很像蒼蠅，樹幹及欄杆上經常看到牠們的蹤影。

分類 半翅目碩介殼蟲科	體長 ♂ 5mm 左右 ♀ 8～12mm

出現地區 北海道、本州、四國、九州

出現時期 （成蟲）5～6月、（若蟲）12～隔年5月

世代 一年一代	若蟲的食物 橡樹類、板栗、櫸樹等植物的樹液

越冬型態 若蟲

若蟲

群聚在枹櫟樹皮上的若蟲，吸食枝條和樹幹上的樹液成長，大約 3mm。

在老舊欄杆爬行的若蟲，大約 5mm。

成蟲

雌蟲與共生的亮毛山蟻。介殼蟲的腹節末端會分泌甜甜的汁液（蜜露）給螞蟻吃，要是瓢蟲等介殼蟲的天敵靠近，螞蟻就會挺身而出，幫忙驅趕。

雄蟲
一對正在交配的成蟲。
雌蟲

橡樹葉片背面斑點的真面目

叉木蝨屬昆蟲

Trioza remota

若蟲身體小而輕薄，身體周圍長了細毛，形狀非常奇特，成蟲擁有透明翅膀，與蚜蟲的同類相似。春天時，將青剛櫟的葉子翻到背面就可以看見牠們的蹤影。

分類 半翅目木蝨科	全長 大約 4.3mm

出現地區 本州、四國、九州

出現時期 （成蟲）2～4月、（若蟲）全年	世代 一年一代

若蟲的食物 青剛櫟的樹液　越冬型態 若蟲

若蟲

附著在青剛櫟葉片背面的若蟲和成蟲。

← 若蟲
← 若蟲　若蟲 →
若蟲的蛻殼 →
← 成蟲

終齡若蟲的外型扁平，貼在葉片上，大約 2mm。

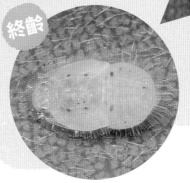
終齡

將葉子拿開讓若蟲仰躺，會發現牠們有六隻腳和觸角。

成蟲

剛羽化沒多久的成蟲。

若蟲的蛻殼 ↓

成蟲外型與有翅膀的蚜蟲相似。

參考 聚集在一起的黃花粉蚜，擁有翅膀的個體與木蝨相似，木蝨和蚜蟲在分類上屬於近親。

215

盛夏之夜華麗大變身！

日本油蟬

Graptopsaltria nigrofuscata

好！

加油！

盛夏時節一定會出現的蟬叫聲震耳欲聾，彷彿熱油滾滾的聲音。若蟲會在地底生活四～六年，成熟後會爬出地面羽化，夏夜在公園一角展開白色翅膀的模樣非常美麗。

| 分類 半翅目蟬科 | 全長 53～60mm |

| 出現地區 北海道、本州、四國、九州、種子島、屋久島 |

| 出現時期 （成蟲）7～9月、（若蟲）全年 | 世代 一年一代（若蟲期間4～6年） |

| 若蟲的食物 各種樹根的樹液 | 越冬型態 卵、若蟲 |

卵

在樟樹插入產卵管，準備產下卵的雌蟲。

產卵管旁的卵，大約 2mm。

在樹幹中的卵孵化出若蟲後，就會爬到地上並鑽進土裡。

終齡

在地底成長的若蟲天黑後會鑽出地面，爬上樹幹後，找適合的地方羽化。大約 30mm。

參考 熊蟬的一齡若蟲，油蟬或熊蟬將卵產在樹上之後會直接過冬，到了隔年夏季才會孵化成若蟲。

若蟲

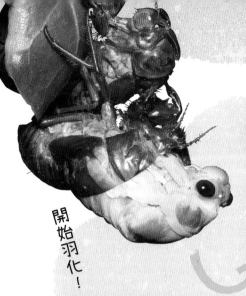

開始羽化！

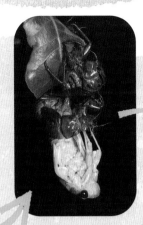

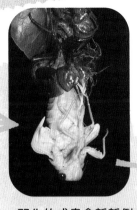

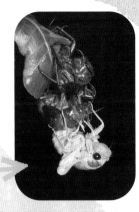

羽化的成蟲會靜靜倒立一段時間，當腳完全變硬了才會起身抓住殼，把腹部拉出來。

為了吸食樹液，將口器插入櫻樹中的成蟲。

停留在櫻樹上的成蟲。

剛羽化的成蟲是白色的，非常美麗。

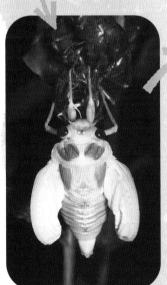

成蟲

正在鳴叫的雄蟲，雄蟲有一大片腹瓣，並利用體內的發音器發出聲音。

腹瓣

博士的

觀察筆記

蟬的羽化過程是街頭觀察的一大盛事。不過這些若蟲通常都要天黑後才會從土裡鑽出來，所以觀察的時候一定要有大人陪同喔！七月左右，日本各地會舉辦蟬隻羽化觀賞活動，有機會一定要參加看看喔！

背部擁有顯眼的紅色圖案

雙斑沫蟬

Hindoloides bipunctata

賞花不如吸樹液～ 啾

若蟲會在櫻樹等植物的細枝上製造一個外型像貝殼且堅硬的巢，裹上一層泡沫之後再躲進去吸食樹液成長。成熟之後會一邊吐出泡沫，一邊離開巢，經過一小段時間就會立刻羽化，成蟲可以從背部紅色圖案的大小來判斷雌雄。

分類 半翅目巢沫蟬科	體長 4～5mm	出現地區 本州、四國、九州、琉球群島

出現時期 （成蟲）4～6月、（若蟲）7～隔年4月	世代 一年一代

若蟲的食物 櫻樹類、梅樹等植物的樹液	越冬型態 若蟲

若蟲

若蟲會在巢中吸取樹液成長，有時還會將多餘的樹液從洞口排出來。

梅雨季節，初齡若蟲會在櫻樹枝頭築巢，大約 2mm，若蟲會分泌帶有石灰質成分的物質，做出像貝殼一樣的巢，蛻皮時會破巢而出，再重新造一個巢。

巢　巢　巢

巢的形狀好像螺喔！

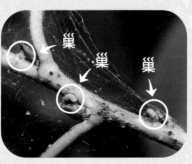

巢　巢

春天時，終齡若蟲在櫻花花苞附近築的巢非常堅硬，大約 5mm。

除了若蟲，成蟲也會吸食櫻樹和梅樹的樹液喔！

終齡若蟲，大約 5mm。屁股先離開巢，在附近靜止不動之後就會立刻蛻皮。

只要巢周圍出現泡沫，代表再過沒多久就會開始羽化。

成蟲

一對正在交配的成蟲，雌蟲的背部是全紅的，雄蟲只有部分胸部是紅色的。

雌蟲

雄蟲

博士的

觀察筆記

雙斑沫蟬的若蟲正好在賞花季節長大，只要靠近櫻花枝頭仔細觀察，就可以看到像螺貝的巢滴出汁液，所以賞櫻時也可以多加留意小昆蟲的活動喔！

卵

板栗的細枝有產卵的痕跡，表面覆蓋著一層像棉花的蠟狀物質，大約長 22mm。

蠟狀物質挪開之後的模樣，樹皮上有許多小洞，卵通常會產在板栗細枝的內側。

中齡

在板栗葉背的中齡若蟲，尾端懸掛著自己分泌的蠟質物質，宛如裝飾，體長約 3mm。

若蟲

我也不太清楚牠們為什麼要戴上這樣的裝飾。

蟲蟲檔案
161

若蟲是舞者，成蟲像面具

四斑廣翅蠟蟬

Ricania quadrimaculata

只能在日本關西和東海地區的某些特定地點才能看到的大型蠟蟬，一般認為是從臺灣等地入侵的外來種，若蟲的臀部有一個由蠟狀物質形成的長長突起，成蟲擁有花紋複雜的大型翅膀。

分類 半翅目廣翅蠟蟬科	全長 大約20mm	出現地區 本州（外來種）
出現時期 （成蟲）7～11月、（若蟲）5～7月		世代 一年一代
若蟲的食物 板栗、櫻樹類等植物的樹液		越冬型態 卵

停留在茶花葉上的中齡若蟲，尾端的蠟質物質會隨著成長呈輻射狀，體長約 4mm。

終齡若蟲的正面。

終齡

好像在歌劇中登場的舞者喔！

終齡若蟲的體長大約 7mm。

成蟲

倒吊的樣子看起來好像面具！

在板栗葉片背面羽化的成蟲。剛羽化的時候是白色的，但是過一段時間就會變黑，慢慢浮現原本的花紋。

參考 羽化的白痣廣翅蠟蟬（外來種）。

成蟲擁有堅硬碩大的翅膀，上面還有白色紋路及複雜的圖案，相當美麗。

在板栗細枝上產卵的雌蟲。

博士的

觀察筆記

隨著人類活動，從國外入侵並在國內定居下來的外來種勢力往往會迅速擴大，不僅會對生態系造成不良影響，還會對農作物帶來損害，問題其實不少。不過四斑廣翅蠟蟬雖然是 2011 年第一次在兵庫縣發現，但是到目前為止僅出現在特定地區，而且個體數量少，目前還不是大問題。

耳朵狀的突起是牠的迷人之處！

窗冠耳葉蟬

Ledra auditura

胸部有像耳朵的突起，外型有點像鳥類的鵰鴞。突起的形狀雄蟲和雌蟲各有不同。若蟲體型相當扁平，而且通常會緊密貼在樹皮上，不太容易發現。

分類 半翅目耳葉蟬科	全長 13～19mm
出現地區 本州、四國、九州、琉球群島	
出現時期 （成蟲）5～10月、（若蟲）不明	
若蟲的食物 枹櫟、麻櫟等植物的樹液	越冬型態 若蟲

若蟲

停留在樹皮上的亞終齡若蟲，身上的圖案與樹皮融合在一起，不容易發現。

亞終齡若蟲的側面，體型相當扁平。

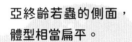

亞終齡

終齡若蟲，約 10mm。

終齡

成蟲

雌蟲

雌蟲的腹面

雌蟲有一對像耳朵的突起，貌似鳥類中的鵰鴞。

雄蟲的突起沒有雌蟲明顯，複眼有紋理，看起來就像在睡覺，非常可愛。

雄蟲

巧妙模仿枝幹和樹芽，擅長躲貓貓的高手

小耳葉蟬

Ledropsis discolor

把腳縮起來停在枹櫟葉柄上的亞終齡若蟲，蚜蟲竟然沒有察覺，直接在牠的背部爬行。

若蟲

分類 半翅目耳葉蟬科	體長 9～13mm

出現地區 **本州、四國、九州**

出現時期 （成蟲）4～7月、（若蟲）9～隔年4月

世代 **一年一代** 　若蟲的食物 **青剛櫟、枹櫟等植物的樹液**

越冬型態 **若蟲**

偽裝成青剛櫟冬芽的雄蟲，頭部比雌蟲短。

成蟲

雌蟲。

終齡若蟲。冬天經常可以在欄杆上看到牠們，體色相當豐富，有綠色、褐色及紅棕色。大約10mm。

雌蟲的頭部像鏟子。

體色呈鮮豔黃綠色的「香蕉蟲」

黑尾大葉蟬

Bothrogonia ferruginea

分類 半翅目葉蟬科	全長 大約13mm

出現地區 **本州、四國、九州、屋久島**

出現時期 （成蟲）全年、（若蟲）5～8月 　世代 **一年一代**

若蟲的食物 **各種植物的樹液** 　越冬型態 **成蟲**

躲在赤竹葉片背面的終齡若蟲，大約10mm。

若蟲

羽化，可以清楚看見後翅的形狀，後翅平時都藏在前翅下方。

成蟲

成蟲的正面

顏色和形狀都像香蕉，所以又稱「香蕉蟲」，身體呈黃綠色，不過死亡後顏色會偏黃。

蟲蟲檔案 165

名字有蟬卻不是蟬

橫帶圓角蟬

Gargara katoi

分類 半翅目角蟬科	全長 5.5～6.5mm
出現地區 本州、四國、九州	
出現時期 （成蟲）5～8月、（若蟲）4～6月	世代 一年一代
若蟲的食物 多花紫藤、枹櫟等植物的樹液	越冬型態 卵

停留在枹櫟細枝上的亞終齡若蟲，以吸食樹木細枝及葉柄上的樹液長大，大約4mm。

終齡若蟲，大約 5mm。

成蟲的胸部有一條沿著背部長長延伸的突起。

成蟲

突起

若蟲

亞終齡若蟲蛻皮變成終齡若蟲時留下的蛻殼，形狀維持得很完整。

蟲蟲檔案 166

水中的太鼓達人！？

日本紅娘華

Laccotrephes japonensis

分類 半翅目蠍椿科	體長 30～38mm
出現地區 本州、四國、九州、琉球群島	
出現時期 （成蟲）全年、（若蟲）6～8月	世代 一年一代
若蟲的食物 小魚、水棲昆蟲	越冬型態 成蟲

初齡若蟲，大約 8mm。

尖銳的口器可以刺入獵物體內（照片為沼蝦），吸食體液。

不要碰我！

若蟲

終齡若蟲擁有鐮刀狀的前腳和長長的呼吸管，大約 25mm。

前腳擺動的模樣就像在打鼓，徒手抓牠們的時候可能會被口器刺到。

成蟲

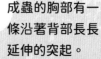

蟲檔蟲案

167

用大型鐮刀夾住水中生物的獵人

狄氏大田鼈

Kirkaldyia deyrolli

不要碰我！

生活在沼澤地區的巨大水生椿象。若蟲和成蟲都有鐮刀狀的強壯前腳，可以捕捉小魚和青蛙，吸食牠們的體液。徒手抓牠們的時候，有可能會被口器刺到。現在數量銳減，難得一見。

分類 半翅目負椿科	體長 48～65mm
出現地區 北海道、本州、四國、九州、琉球群島	
出現時期 （成蟲）全年、（若蟲）4～9月	世代 一年一代
若蟲的食物 魚、青蛙	越冬型態 成蟲

若蟲

剛從卵孵化的一齡若蟲。

吃泥鰍的一齡若蟲，虎斑圖案非常美麗，大約 11mm。

吃泥鰍的三齡若蟲，大約 25mm。

三齡

卵

正在護卵的雄蟲，會趴在雌蟲產的卵塊上方，以便為卵提供水分，保持溼潤。

一齡

終齡若蟲，大約 45mm。

終齡

成蟲

羽化。

張開前腳等待獵物的成蟲。環境的變化和農藥的影響使牠們的數量急遽減少，現在只能在大自然的山間池塘，和水田等稀少處找到牠們的蹤影。

一對在產卵時進行交配的成蟲；左邊是雌蟲，右邊是雄蟲。

樣子和鍋蓋一樣圓圓的

蓋椿屬昆蟲

不要碰我！

Aphelocheirus vittatus

誠如其名，外表像鍋蓋一樣圓而扁平的水生椿象。常見於水質清澈的河川，通常靠溶於水中的氧氣呼吸，所以可以一直潛在水中。

分類 半翅目蓋椿科	體長 8.5～10mm	出現地區 本州、四國、九州

出現時期 （成蟲）全年、（若蟲）全年

世代 一年一代（若蟲期間1～2年）

若蟲的食物 水棲昆蟲	越冬型態 若蟲、成蟲

大約 8mm。

中齡

若蟲

中齡若蟲，大約 5mm。

終齡

成蟲擁有線條圓潤的片狀短翅，偶爾也會看到翅膀較長的成蟲。

成蟲的正面

成蟲

成蟲的腹面，用手採集的時候要注意，小心不要被尖銳的口器刺到。

激起浪花和同伴聊天

圓臀大黽椿

Aquarius paludum

不要碰我！

經常浮在水面上，輕盈游動、非常普遍的水生椿象。對水面的波紋非常敏感，經常藉此尋找掉在水中的獵物，或者與同伴交流。

分類 半翅目黽椿科	體長 11～16mm

出現地區 北海道、本州、四國、九州、琉球群島

出現時期 （成蟲）全年、（若蟲）6～9月	世代 多代

若蟲的食物 落在水面上的小昆蟲	越冬型態 成蟲

若蟲

大約 10mm。

終齡

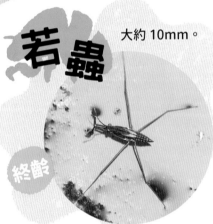

群聚在淺水池，有若蟲也有成蟲。

獵物掉落在水面上就趕緊衝過去捕捉的成蟲會利用尖銳的口器吸食體液。

成蟲

一對正在交配的成蟲，大隻的是雌蟲。

水中的一對成蟲，雌蟲會在藻類縫隙裡產卵。

成蟲腳上長滿了細毛，還覆蓋著一層可以排水的油性物質，所以才能輕鬆浮在水面上。

參考 用腳在水面上製造波紋，以便與同伴進行交流的一群大黽椿。

一起尋找外型像迷你番茄醬瓶子的卵

豔紅獵椿

Cydnocoris russatus

不要碰我！

身體是紅色的肉食性椿象，會抓住其他昆蟲，刺入尖銳的口器吸食體液。卵的外型很像番茄醬的瓶子，非常可愛。

分類 半翅目獵椿科	體長 14～17mm
出現地區 本州、四國、九州、琉球群島	
出現時期 （成蟲）全年、（若蟲）6～10月	世代 一年一代
若蟲的食物 昆蟲等小動物	越冬型態 成蟲

卵

卵的長度大約2mm，真的很像有白色蓋子的番茄醬。

快要孵化時，可以看到若蟲在卵裡的黑色複眼。

孵化，這些若蟲孵化的時候不知道出了什麼問題，最後停留在這樣的狀態，沒有繼續成長。

擁有尖銳的口器，可以刺入獵物體內吸食體液。

成蟲

成蟲是醒目的紅色。

若蟲

終齡

終齡若蟲，約11mm。

蟲蟲
檔案
171

可媲美相撲選手、號稱昆蟲界橫綱的肉食性椿象

度氏暴獵椿

Agriosphodrus dohrni

不要碰我！

經常在櫻花樹幹上看到的大型肉食性椿象，會捕捉其他昆蟲，以尖銳的口器吸食體液；若蟲會在櫻花樹幹等地方集體過冬，可能是從中國入侵的外來種。

分類 半翅目獵椿科	體長 16～24mm

出現地區 本州、四国、九州（全為外來種）

出現時期 （成蟲）4～10月、（若蟲）8～隔年5月	世代 一年一代

若蟲的食物 昆蟲等小動物　越冬型態 若蟲

剛蛻皮的四齡若蟲（中間的兩個紅色個體），只要過一段時間就會變黑（底下的個體），周圍有很多蛻殼，大約10mm。

四齡

群聚的終齡若蟲，大約14mm。

終齡
（五齡）

吸食葉蚤體液的終齡若蟲。

若蟲

將口器插入蓑蛾若蟲巢裡的成蟲正在吸食裡頭的若蟲體液。

剛羽化沒多久的成蟲身體是紅色的，看起來像是另一種椿象。

羽化。

成蟲

停留在枹櫟葉背的成蟲。

用華麗的姿態群聚

紅脊長椿

Tropidothorax sinensis

| 分類 半翅目長椿科 | 體長 大約 8mm |
| 出現地區 本州、四國、九州、琉球群島 |
| 出現時期 （成蟲）全年、（若蟲）6～10月 |
| 若蟲的食物 蘿藦等植物的汁液 | 越冬型態 成蟲 |

若蟲

成群的若蟲聚集在有毒的蘿藦葉上，三齡、四齡、終齡（五齡）全都混在一起。

終齡（五齡，上面的三隻）和四齡（下面的兩隻），終齡體長約為 6mm。

成蟲

成蟲和若蟲一樣，身體顏色都非常鮮豔，一般認為這是為了向鳥之類的天敵表明牠們是危險的生物而展示的警戒色。

模擬強壯的昆蟲

點蜂緣椿

Riptortus pedestris

| 分類 半翅目蛛緣椿科 | 體長 14～17mm |
| 出現地區 北海道、本州、四國、九州、琉球群島 |
| 出現時期 （成蟲）全年、（若蟲）5～9月 | 世代 一年二～三代 |
| 若蟲的食物 豆科或禾本科植物的汁液 | 越冬型態 成蟲 |

二齡若蟲，不管是形狀還是顏色都與螞蟻非常相似，不過牠們的觸角和口器比較長，一看就知道不是螞蟻。

若蟲

終齡若蟲，大約 15mm。

在椿象中算是比較常飛的一種，體型苗條、後腳修長，腹部有黃色及黑色條紋，飛行的時候看起來很像長腳蜂。

成蟲

成蟲展翅的模樣。

蟲蟲檔案 174

個子雖小，氣味卻很強烈

日本豆龜椿象

Megacopta punctatissima

體型像豆子的椿象。經常出現在野葛上，住家附近也常見到牠們的蹤影。往往會闖進住家中，或者是附著在晾曬的衣服上。會散發臭味，所以不太受人類歡迎。

分類 半翅目龜椿科	全長 大約5mm
出現地區 本州、四國、九州、琉球群島	
出現時期 （成蟲）全年、（若蟲）6～9月	世代 一年一代
若蟲的食物 豆科植物等的汁液	越冬型態 成蟲

若蟲

終齡若蟲的身體覆蓋著一層短毛，大約5.5mm。

終齡

卵

產在禾本科葉片上的卵。大約長1mm，牠們通常會將卵產在豆科等寄主植物上，不過有時也會在附近的其他植物上產卵。

成蟲腹部覆蓋著一片大大的小盾片。

一對正在交配的成蟲。

成蟲

在朽木樹皮底下聚集，準備過冬的成蟲。

整齊排列在野葛藤蔓上的成蟲，仔細一看，會發現許多個體正在交配。

產卵中的雌蟲

若蟲是黑白色、成蟲是聖誕節配色

拉維斯氏寬盾椿

Poecilocoris lewisi

和 胸針一樣美麗的椿象。死亡後，綠色部分會變成黑色。若蟲是黑白雙色調，背部有一個很像孩子笑臉的圖案。

分類 半翅目盾背椿科	體長 16～20mm

出現地區 本州、四國、九州

出現時期 （成蟲）5～11月、（若蟲）8～隔年4月

世代 一年一代	若蟲的食物 樹木果實等汁液	越冬型態 若蟲

四齡

二齡

大約6mm，背部的花紋看起來像是在一邊皺著眉頭，一邊哈哈大笑。

大約4mm，若蟲小時候的體色偏紅。

大約9mm，背上的圖案像瞇起眼睛微笑的樣子。

三齡

終齡（五齡）

大約13mm，背上的圖案像張大眼睛哈哈笑的笑臉。

若蟲

成蟲，讓人聯想到聖誕節的紅綠配色。

成蟲

雄蟲　雌蟲

一對正在交配的成蟲。

被濃稠凍膜保護，準備過冬的卵

嬌異椿屬昆蟲

Urostylis westwoodii

經常出現在麻櫟和枹櫟樹上或樹幹上的昆蟲。冬季初期，雌蟲產下的一長條卵會覆蓋著凝膠狀的物質，孵化的若蟲會先吃這些凝膠狀物質長大。

分類 半翅目異尾椿科	體長 12～14mm

出現地區 本州、四國、九州

出現時期 （成蟲）6～11月、（若蟲）2～6月　世代 一年一代

若蟲的食物 麻櫟、枹櫟等植物的樹液　越冬型態 卵、若蟲

若蟲

四齡　四齡若蟲，大約 5.5mm。

終齡（五齡）

大約 8.5mm，若蟲的體色出現變異。

卵

卵塊和一齡若蟲，有的若蟲還在孵化中，有的則是正在食用凝膠狀物質。一齡若蟲大約 1.5mm。

三齡　群聚的三齡若蟲，色彩明亮的個體正在蛻皮，大約 3.3mm。

成蟲

成蟲的腹面，黑色的氣孔可以用來區別其他相似的若蟲。

雌蟲。

在麻櫟樹幹產卵的雌蟲，交配和產卵通常在秋末至冬初進行。

一對在麻櫟樹幹上交配的成蟲，上面是雄蟲，下面是雌蟲，周圍有許多卵塊。

背著愛心的椿象

伊錐同椿象

Sastragala esakii

背部中央（小盾片）有個心形花紋。雌蟲將卵產在葉子上之後，身體會覆蓋在上面保護牠們，以免遭受外敵侵害。若蟲背部的圖案看起來像臉紅紅的大叔。

分類 半翅目同椿科	體長 11～13mm

出現地區 北海道、本州、四國、九州、琉球群島

出現時期 （成蟲）全年、（若蟲）7～10 月	世代 一年一代

若蟲的食物 闊葉樹的果實和葉片的汁液	越冬型態 成蟲

正在護卵的雌蟲。

卵

外敵靠近時，雌蟲非但不會逃跑，反而會展開翅膀威嚇對方。

雌蟲用心守護孵化後的一齡若蟲。

終齡若蟲的背部花紋看起來像人類的臉，非常有趣，大約 9mm。

一對正在交配的成蟲，背上有著愛心符號。

成蟲

雄蟲

雌蟲

若蟲

終齡

好像有點臭……冬天時在教室引起騷動的氣味真相

茶翅椿

Halyomorpha halys

經常出現在公園和校園裡，剛出生的若蟲體色偏紅，樣子非常可愛，長大後的若蟲看起來像穿著酷酷的盔甲，成蟲有時會進入住家過冬。

| 分類 半翅目椿科 | 體長 13～18mm |
| 出現地區 北海道、本州、四國、九州、琉球群島 |
| 出現時期 （成蟲）全年、（若蟲）6～10月 | 世代 一年一～二代 |
| 若蟲的食物 各種植物的樹液 | 越冬型態 成蟲 |

二齡

若蟲

群聚的二齡若蟲，大約3.2mm。粉紅色的個體是剛蛻皮的二齡若蟲，下面有兩隻一齡若蟲。

三齡若蟲，大約5.5mm。這段時期的若蟲身上有很多刺。

三齡

終齡
（五齡）

到了終齡，身上的刺大多會掉光，大約12mm。

一齡

一齡若蟲和卵殼，若蟲大約1.5mm。

成蟲

在朽木的樹皮下準備過冬的成蟲。

正在擴大勢力的大型時尚椿象

黃斑椿象

Erthesina fullo

原產於臺灣及東南亞的外來種,勢力範圍正在迅速擴大,現在已經是溫暖地區城市中最常見的椿象,若蟲看起來像玩具一樣可愛。

分類 半翅目椿科	體長 20～23mm
出現地區 本州、四國、九州、琉球群島(全為外來種)	
出現時期 (成蟲)全年、(若蟲)5～9月	世代 一年一代
若蟲的食物 闊葉樹的樹液	越冬型態 成蟲

一齡

若蟲

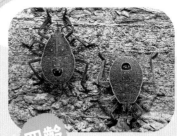

四齡

大約 11mm,若蟲的腹部有個像鈕扣般的花紋,看起來很像玩具機器人。

終齡(五齡)

一齡若蟲和卵殼,一齡若蟲大約 3.5mm,此時若蟲會親密地聚在一起。

二齡

大約 6mm。

大約 18mm。

將口器插入櫻花樹幹,吸食樹液的成蟲。

成蟲

產卵中的雌蟲,卵的數量固定都是十二顆。

一對正在交配的成蟲。

蟲蟲檔案 180

尖銳的角有何用處？

日本羚椿象

Alcimocoris japonensis

分類	半翅目椿科	體長 8～9mm

出現地區	本州、四國、九州、琉球群島

出現時期	（成蟲）全年、（若蟲）7～9月	世代 一年二代

若蟲的食物	樹木的樹液和昆蟲的卵	越冬型態 成蟲

若蟲

四齡若蟲的長度約5mm，除了植物的樹液，還會吸食昆蟲卵的汁液成長。

終齡（五齡）若蟲，大約7mm，背上有個彷彿維京人（北歐海盜）長相的花紋。

成蟲胸部兩側（側角）和牛角一樣尖。

將口器插入槭樹細枝中吸食樹液的成蟲。

成蟲的正面。

成蟲

蟲蟲檔案 181

親子都有人臉圖案

甘藍菜椿

Eurydema rugosa

分類	半翅目椿科	體長 7～10mm

出現地區	北海道、本州、四國、九州

出現時期	（成蟲）全年、（若蟲）5～9月	世代 一年一～二代

若蟲的食物	十字花科等植物的汁液	越冬型態 成蟲

卵

卵的形狀很像茶碗蒸的容器，長度大約1.1mm。

聚集在竊衣果實上的若蟲（四齡、終齡）和成蟲。

若蟲

終齡（五齡）若蟲，大約6mm，若蟲和成蟲的背部花紋很像人臉。

羽化。

一對正在交配的成蟲，上面是雌蟲，經常出現在油菜花等十字花科植物上，所以名字裡才有「菜椿」兩個字。

成蟲

數數看有沒有十顆星星

彎角椿

Lelia decempunctata

胸部兩側（側角）彎彎尖尖的，是外型非常酷的椿象，終齡若蟲的側角特徵也相當明顯，一看就知道是彎角椿，卵和若蟲經常出現在山地的槭樹上。

分類 半翅目椿科	體長 16～23mm		
出現地區 北海道、本州、四國、九州			
出現時期 （成蟲）全年、（若蟲）6～9月		世代 一年一代	
若蟲的食物 闊葉樹的果實和葉片的汁液		越冬型態 成蟲	

成群的一齡若蟲和卵殼，一齡若蟲大約 2.5mm。

一齡

三齡

大約 6mm。

若蟲

終齡若蟲的側角變得更加明顯，大約 14mm。

終齡（五齡）

羽化，從背後看到的模樣。

蛻殼

成蟲

羽化，從腹部側面看到的模樣。

若蟲的蛻殼

成蟲

成蟲

成蟲的尖銳側角朝前豎立，看起來很酷。

一對正在交配的成蟲，身上的小黑色斑紋總共有十個，胸部四個、小盾片六個。

雄蟲

雌蟲

蟲蟲檔案 183

只要是毛蟲，有毛無毛都愛吃

綠喙椿

Dinorhynchus dybowskyi

分類 半翅目椿科	體長 18～23mm
出現地區 北海道、本州、四國、九州	
出現時期 （成蟲）6～10月、（若蟲）5～6月	世代 一年一代
若蟲的食物 鱗翅目的若蟲和闊葉樹的樹液	越冬型態 卵

四齡若蟲，大約 10mm。若蟲身上有青綠色的閃亮斑紋，相當醒目。

終齡（五齡）若蟲，大約 15mm。

若蟲

正在捕食波斑毒蛾幼蟲的成蟲。

成蟲

將尖銳的口器插入獵物體內，吸食體液。

在秋末發現的紅褐色成蟲。

蟲蟲檔案 184

悄悄在葉片背面生活

日本亞嚙蟲

Amphipsocus japonicus

分類 嚙蟲目雙嚙蟲科	全長 大約5mm
出現地區 北海道、本州、四國、九州、琉球群島	
出現時期 （成蟲）全年、（若蟲）全年	
若蟲的食物 長在葉片上的黴菌	越冬型態 若蟲、成蟲

若蟲

群聚在一起的終齡若蟲，大約 3mm。

羽化，剛羽化的成蟲正準備伸展翅膀。

成蟲的正面

成蟲經常在八角金盤或青木等常綠植物的葉片背面出現。

成蟲

聚集在樹木上、全身都是條紋的若蟲

角嚙蟲屬昆蟲

Psococerastis kurokiana

美麗的大型嚙蟲。半透明翅膀上的黑色條紋非常明顯，經常在樹木的細枝及枝幹上出現。若蟲的腹部有橫條細紋，通常會群聚生活。

分類	嚙蟲目嚙蟲科	體長	4.5～6.5mm

出現地區 北海道、本州、九州

出現時期 （成蟲）6～11月、（若蟲）4～10月

若蟲的食物 樹幹上的地衣

成蟲的翅膀非常美麗；雄蟲的複眼相當發達。

雌蟲

雄蟲

若蟲

群聚在枹櫟葉背的若蟲，長大的終齡若蟲會與稍微小一點的亞終齡若蟲群聚在一起，終齡若蟲約4mm。

成蟲

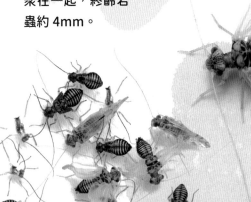

開始羽化的群體。

羽化的樣子，會彎曲身體再拉出長長的觸角。

肚子鼓鼓地往後仰

寬腹斧螳

Hierodula patellifera

腹 部稍微肥胖的螳螂。經常在樹上看見牠們的蹤影，會將卵產在樹幹等地方。若蟲一旦察覺到危險，就會挺出腹部，擺出特別的姿勢來保護自己。

分類 螳螂目螳螂科	體長 45～70mm

| 出現地區 本州、四國、九州、琉球群島 | |

| 出現時期 （成蟲）8～11月、（若蟲）5～8月 | 世代 一年一代 |

| 若蟲的食物 昆蟲等小動物 | 越冬型態 卵 |

若蟲

卵
卵鞘，通常會產在枝幹上，大約 25mm。

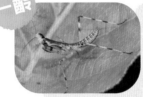
一齡
大約 7mm。

中齡
大約 25mm，正在挺起腹部。

二齡
大約 15mm，不管是若蟲還是成蟲，每當我要拍照時，螳螂都會看著鏡頭。

終齡
大約 50mm。

成蟲

成蟲經常出現在樹上。
褐色型的成蟲比綠色型少見。

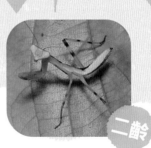
在樹上捕食點蜂緣椿（→ p.230）的成蟲。

一對正在交配的成蟲，下面是雌蟲，上面是雄蟲，雌蟲的體型比較大。

卵

產在日本紫珠枝頭的卵鞘，尺寸大約 38mm，卵粒被包裹在卵鞘裡。

孵化，以形狀像魚的前若蟲型態出現之後，就會立刻蛻皮為一齡若蟲。

從卵鞘出來的前若蟲，頭頂有個圓形的瘤狀物，這樣比較容易蛻殼而出。

前若蟲蛻皮為一齡若蟲。

若蟲

一齡

剛蛻皮的一齡若蟲頭頂還有瘤狀物。

孵化後過一天的一齡若蟲，頭頂的瘤狀物已經完全被吸收了，大約 10mm。

蟲蟲檔案
187

大大的鐮刀手一旦抓住獵物就不會放手
中華大刀螳

Tenodera sinensis

經常在樹林邊緣看見的大型螳螂。健壯的鐮刀狀前腳可以捕捉各種獵物，貪婪的吃掉獵物，雌蟲在交配的時候甚至會吃掉雄蟲。冬天時，產在植物莖梗與細枝上的大型卵鞘格外引人矚目。

這鐮刀可要好好保養才行！

分類	螳螂目螳螂科	全長	70〜95mm	出現地區	北海道、本州、四國、九州、屋久島
出現時期	（成蟲）8〜11月、（若蟲）5〜8月		世代	一年一代	
若蟲的食物	一年一代	越冬型態	卵		

中齡

綠色型的
中齡若蟲，
大約 55mm。

一齡時期都是褐色的，
隨著成長會分成綠色型
和褐色型喔！

終齡

褐色型的終齡若蟲，
大約 80mm。

捕食大透翅天蛾（→ p.84）
的若蟲。

在櫻花樹上捕食日本油蟬
（→ p.216）的雌蟲

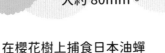

張開前腳和翅膀威嚇對方的雄蟲，
後翅偏黑是中華大刀螳的特色。

成蟲

一邊交配一邊吃掉雄蟲的雌蟲。
就算失去生命，雄蟲也樂於留下
自己的後代。

兩隻騎在雌蟲
上的雄蟲，右
邊的雄蟲正在
交配。

正在產卵的雌蟲會慢慢製作卵鞘。

博士的
觀察筆記

最強肉食性昆蟲之一的螳螂也有天敵，牠們的卵鞘在冬天通常會成為野鳥的食物。另外，螵蛸鰹節蟲的若蟲也會吃螳螂的
卵，而螳小蜂也會寄生螳螂的卵，若蟲則會被雙鬃追寄蠅寄生。成蟲除了會被伯勞鳥之類的鳥類捕食，還會被鐵線蟲寄生。

不是螞蟻而是蟑螂的親戚

黃胸散白蟻

Reticulitermes speratus

會在枯木及住家屋簷等地方組成龐大家族的昆蟲。棲息在體內的微生物會幫助白蟻將吃下的木材分解之後再吸收養分。初夏時通常會有很多隻生殖蟻出現，進行婚飛。

分類 蜚蠊目鼻白蟻科	體長 工蟻 3～5mm 兵蟻 3～6mm 生殖蟻 7mm

出現地區 北海道、本州、四國、九州、琉球群島

出現時期 （成蟲）全年、（若蟲）全年	世代 一年期（蟻后）

若蟲的食物 倒木、衰弱木及住宅建材	越冬型態 若蟲、成蟲

將初齡若蟲叼在嘴裡搬運的工蟻。

若蟲

工蟻除了收集食物，還要建造及清理巢穴，但嚴格來說牠們並不是成蟲，而是若蟲。孵化的若蟲長到某個程度之後，會變成職蟻及生殖型若蟲（將來會成為有翅並進行繁殖的個體）。

兵蟻（頭部較長、大顎發達的個體）和工蟻。工蟻進入老齡之後，會有一部分變成兵蟻。

與暗足巨山蟻（p.206）戰鬥的兵蟻，背部被割傷而流出體液。

成蟲

蟻后候選人和雄蟻降落後會脫落翅膀，再爬行尋找配偶。

生殖型若蟲和工蟻，若蟲的背上長出了翅芽。

為了婚飛而從巢穴出來的眾多生殖蟻。

明明不會襲擊人類，卻因外表受委屈

黑褐家蠊

Periplaneta fuliginosa

喜歡棲息在住家，經常在晚上活動的昆蟲。一齡若蟲的黑色身體有著白色條紋，總是小心翼翼地四處奔跑，可愛的模樣讓人很難想像牠跟蟑螂是親戚，雌蟲會產下形狀如同膠囊般的卵鞘。

分類	蜚蠊目蜚蠊科	全長 25～32mm
出現地區	北海道、本州、四國、九州、琉球群島	
出現時期	（成蟲）全年、（若蟲）全年	
若蟲的食物	住家中的食物殘渣、樹液，屬雜食性	
越冬型態	若蟲、成蟲	

卵

卵鞘，大約 12mm。

塞滿卵的卵鞘如同膠囊！

若蟲

一齡

一齡若蟲有著黑底白紋，大約 4mm。

中齡若蟲有著充滿光澤的紅棕色，每一次蛻皮，翅芽就會慢慢長出來。

中齡

成蟲

剛蛻皮的若蟲。

老齡

舔舐樹液的老齡若蟲，大約 25mm，從卵到成蟲需要近一年的時間。

成蟲有著充滿光澤的黑褐色，一到夜晚就會四處活動，除了住家，都市的公園也常看見牠們的蹤影。

宛如蕾絲般優雅美麗的翅膀

暗色丘蠊

Sorineuchora nigra

生活在山林樹上的美麗小型蟑螂，頭部呈紅棕色，胸部邊緣為半透明，翅膀上有細緻的網紋，若蟲經常躲在樹皮內側過冬。

分類 蜚蠊目姬蠊科	體長 7～8mm
出現地區 本州、四國、九州	
出現時期 （成蟲）6～9月、（若蟲）10～隔年5月	世代 一年一代
若蟲的食物 樹液，屬雜食性	越冬型態 若蟲

終齡若蟲，與成蟲一樣胸部邊緣呈半透明，大約 7mm。

若蟲

越冬中的若蟲通常躲在樹皮背面或縫隙之間，大約 5mm。

終齡

成蟲

雄蟲

雄蟲

雌蟲

雌蟲

成蟲體色有個體差異，有些顏色偏白，有些顏色偏黑，雌蟲體型比雄蟲稍微寬一些。

以朽木為食，為大家清潔森林

黑褐硬蠊

Panesthia angustipennis

又黑又大的蟑螂，通常生活在朽木中，和白蟻（→ p.244）一樣會借助體內的微生物來消化食用的朽木，若蟲會先在雌蟲體內孵化後再產出。

分類 蜚蠊目匍蠊科	全長 37～43mm
出現地區 本州、四國、九州、琉球群島	
出現時期 （成蟲）全年、（若蟲）全年	
若蟲的食物 朽木	越冬型態 若蟲、成蟲

大約 38mm。

若蟲

初齡

大約 8mm。

老齡

在朽木的樹皮底下準備過冬的成蟲。

成蟲常被發現牠們的翅膀會有一部分受損，但是這隻卻是整個腹部都暴露出來了。

雌蟲與初齡若蟲，雌蟲會先讓若蟲在體內孵化之後再產下（卵胎生）。

成蟲

成蟲的頭部。

在大石底下發現許多卵塊，雌蟲即使面臨危險也不會退縮，繼續守護著卵。

陸續孵化的若蟲，快要孵化時，可以看見若蟲在卵裡顯現的複眼。

卵

正在舔卵的雌蟲，牠們產卵後會不吃不喝，全心全意照料卵，卵的直徑大約 1.2mm。

這就是母親無私的愛！

若蟲

為了孩子奉獻一切！

張球蠼屬昆蟲

Anechura harmandi

吃飯了喔！

咦？

腹部前端有一對大大的螯肢，通常可以在山地植物的上方或石頭下方發現牠們的蹤影。春天時，雌蟲會在石頭底下築巢產卵，之後就會一直在旁守候。若蟲孵化之後，會先吃掉母親的身體成長。

分類 革翅目蠼螋科	體長 11～20mm	出現地區 北海道、本州、四國、九州
出現時期 （成蟲）全年、（若蟲）4～6月	世代 一年一代	
若蟲的食物 小昆蟲和花粉	越冬型態 成蟲	

一齡

剛孵化就被雌蟲保護
的若蟲。

雖然雌蟲還活著，但是過沒多久一齡若蟲會開始啃食
牠的身體。母親的身體對剛出生的孩子來說，是非常
珍貴的營養來源。

被啃食的雌蟲屍
體散落一地，
孩子吃掉母親
固然可怕，但
若想讓更多後
代存活，這或
許是一個不錯的
方法。

正在取食花粉的終齡若
蟲，大約 12mm。

終齡

中齡

大約 6mm。

成蟲

雄蟲，尾鉗比較長的（上圖）屬於
路易斯型，彎曲成鉤狀（下圖）屬
於哈爾曼型（雄蟲二態型）。

雌蟲

雄蟲

羽化的雄蟲。

博士的
觀察筆記

事情發生在飼養張球螋屬昆蟲的時候。母親的身體已經被若蟲們吃光了，所以我正煩惱接下來要餵牠們吃什麼才好。這時
我試著餵食熱帶魚的飼料，發現牠們吃了之後不僅長得不錯，而且還變成十分漂亮的成蟲。營養均衡的寵物食品，有時可
以拿來當作替代的食物。

孵化，長度只有 3.5mm 的卵可以孵化出大約 15mm 長的若蟲。

身體像絲線一樣纖細！

一齡

一齡若蟲通常會在溫暖的春日出現在公園等地的欄杆上。

若蟲

利用長長的腳在欄杆上爬行的一齡若蟲。

可以沿著蜘蛛絲爬行。

蟲蟲檔案 193

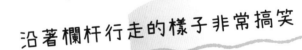

沿著欄杆行走的樣子非常搞笑

短肛竹節蟲的一種

Ramulus mikado

躲好了嗎？

好了喔！

身體和腳像樹枝，體型雖大卻鮮少被注意到的昆蟲，初齡若蟲經常在欄杆上一拐一拐的走著。雌蟲大多不需交配就可以產卵（孤雌生殖），雄蟲更是難得一見。

分類 竹節蟲目竹節蟲科	體長 ♂大約 60mm ♀大約 85mm

出現地區 本州、四國、九州、琉球群島

出現時期 （成蟲）6～11月、（若蟲）4～7月	世代 一年一代

若蟲的食物 櫻樹類、枹櫟、多花紫藤等植物的葉片	越冬型態 卵

伸直前腳！

初齡

在枹櫟葉脈上靜止不動的初齡若蟲，大約20mm。

蛻皮的若蟲。

正在吃胡枝子葉片的若蟲，右前腳應該是被天敵襲擊時，為了逃跑而自行切斷，不過只要蛻皮就會重生。

中齡

大約40mm。

雌蟲

綠色型的雌蟲，觸角比前腳短很多。

成蟲有綠色型和褐色型。

雄蟲體型比雌蟲小，看起來像是不同種的昆蟲，非常罕見。

成蟲

褐色型的雌蟲。

雄蟲

博士的
觀察筆記

有一種名為粗粒皮竹節蟲的昆蟲外表與牠們非常像，不過粗粒皮竹節蟲的觸角和絲線一樣細，而且與前腳一樣長，只要知道這一點就不會弄錯了。另外，粗粒皮竹節蟲的雄蟲非常常見，若是發現正交配的竹節蟲，十之八九一定是粗粒皮竹節蟲。

「唧唧唧」地輕聲表達愛意

黃臉油葫蘆

Teleogryllus emma

住家附近常見的大型蟋蟀，長相看起來有點可怕，所以日本人稱牠們為「閻魔蟋蟀」。若蟲的體色比成蟲黑，但是會隨著成長慢慢偏棕色。

分類 直翅目蟋蟀科	體長 28～35mm
出現地區 北海道、本州、四國、九州	
出現時期 （成蟲）8～11月、（若蟲）6～8月	世代 一年一代
若蟲的食物 植物、蚯蚓和昆蟲的屍體，屬雜食性	越冬型態 卵

若蟲

中齡

中齡若蟲，幼齡到中齡這個階段的若蟲，身上的白色條紋會非常明顯，大約 13mm。

亞終齡

亞終齡若蟲背上長出了翅芽，大約 16mm。

終齡

產卵管

終齡雌若蟲，可以看到產卵管，大約 20mm。

成蟲

雄蟲

雄蟲的翅脈比較複雜，只要摩擦左右前翅，就可以發出「唧唧唧」的聲音。蟋蟀與螽斯的叫聲因種類而異，可以用來與同類溝通。

雌蟲

雌蟲翅脈整齊，擁有長長的產卵管。

產卵管

成蟲的頭部。

氣勢十足的表情！

震耳欲聾的大合唱

梨片蟋

Truljalia hibinonis

經常出現在公園和校園的樹上，雄蟲在秋天會高聲鳴叫，聲音清脆而響亮。小小的若蟲體色偏棕色，難以聯想是同一種昆蟲。是從中國入侵的外來種。

分類 直翅目蟋蟀科	體長 大約 22mm

出現地區 本州、四國、九州（全為外來種）

出現時期 （成蟲）8～11 月、（若蟲）6～8 月	世代 一年一代

若蟲的食物 闊葉樹的葉片	越冬型態 卵

初齡若蟲呈棕色，大約 6mm。

中齡若蟲的身體是黃底配上棕色條紋，大約 9mm。

亞終齡

亞終齡雌若蟲，身上已經出現小小的翅芽與短短的產卵管，大約 12mm。

初齡

中齡

若蟲

終齡

終齡雄若蟲，大約 17mm。

終齡雌若蟲。

成蟲

雄蟲經常在秋夜的行道樹或公園裡大聲鳴叫，就算不知道這種蟲，應該不少人會聽過「嘰哩哩哩……」的響亮蟲鳴聲。

雌蟲的頭部

雌蟲跟植物葉片非常相似。

雄蟲

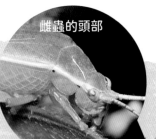

雌蟲

在秋夜敲著小小的鐘！

凱納奧蟋

Ornebius kanetataki

經常躲在公園、校園和庭院樹上鳴叫的昆蟲，雄蟲會在秋天發出宛如輕輕敲鐘的「叮叮」聲，雌蟲就算變為成蟲，也不會長出翅膀。

分類 直翅目鉦蟋科	體長 7～11mm
出現地區 本州、四國、九州、琉球群島	
出現時期 （成蟲）8～11月、（若蟲）6～8月	世代 一年一代
若蟲的食物 闊葉樹的葉片和昆蟲的死骸，屬雜食性	越冬型態 卵

若蟲

老齡雌若蟲擁有短短的產卵管，大約7mm。

摩擦翅膀準備鳴叫的雄蟲。因為體型嬌小不易發現，所以過去人們常以為是蓑衣蟲在鳴叫。

雄蟲

雄蟲的翅膀短小。

剛羽化的雌蟲。

雌蟲

雌蟲的頭和胸部呈紅褐色，腹部為黑褐色。年輕的成蟲身上覆蓋著一層鱗片，看起來灰灰的。

← 蛻殼

成蟲

會像鼴鼠一樣挖土！

東方螻蛄

Gryllotalpa orientalis

雖然在菜園或草原的地底中生活，但其實擅長游泳及飛行。若蟲和成蟲的前腳像鏟子，非常適合用來挖土，看起來很像鼴鼠。

分類 直翅目螻蛄科	體長 30～35mm
出現地區 北海道、本州、四國、九州、琉球群島	
出現時期 （成蟲）全年、（若蟲）全年	世代 一年一代
若蟲的食物 植物的根、蚯蚓，屬雜食性	越冬型態 若蟲、成蟲

急著想要鑽進土中的若蟲，大約 15mm。

若蟲的頭部，前腳的形狀和長相都和鼴鼠非常相似，由於生活方式雷同，即使是完全不同的生物，外觀構造也會有類似之處。

卵

卵會集中產在蓋在土中的房間裡，大約 2mm。

若蟲

成蟲的臉和腹面

成蟲

成蟲的身體表面長有細毛，看起來像天鵝絨。雄蟲和雌蟲都會鳴叫，不過雄蟲特別大聲，而且還會不停發出「嗶——」的叫聲。

從嘴巴吐出絲線，利用葉子打造自己的家

日本蟋螽

Prosopogryllacris japonica

夜晚經常會在闊葉樹上四處行走，以捕食其他昆蟲或吸食樹液。可以從口中吐出絲線，白天會躲在用樹葉拼湊的巢中。

分類 直翅目蟋螽科	體長 大約 30mm

出現地區 本州、四國、九州

出現時期 （成蟲）7～9月、（若蟲）9～隔年7月　世代 一年一代

若蟲的食物 昆蟲等小動物及樹液　越冬型態 若蟲

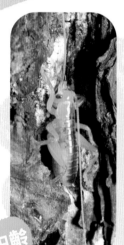

棲息在樹皮裂縫中的中齡若蟲，處於警戒狀態時兩根觸角會直上及直下伸展，大約 10mm。

躲在杜鵑花嫩葉間的中齡若蟲。

中齡

終齡

終齡若蟲擁有美麗的翅芽，大約 23mm。

參考 將麻櫟的葉片摺起來做成巢的瀛蟋螽若蟲。牠們會從嘴吐出絲，細心的縫合葉片兩端。

若蟲

雄蟲的頭部，企圖捕捉牠的話就會立刻被反咬。

雄蟲

躲在麻櫟枝頭的雄蟲。

成蟲

雌蟲擁有長長的產卵管。

雌蟲

以成蟲型態過冬，春天一到就會率先鳴叫

優草螽

Euconocephalus varius

頭部尖銳，嘴巴周圍是紅色的。若蟲的頭頂也是尖的，以成蟲的型態過冬，到了春天至初夏的夜晚，會在草叢中一直發出「嗶——」的叫聲。

分類	直翅目螽斯科	全長	50～57mm

出現地區 北海道、本州、四國、九州、琉球群島

出現時期 （成蟲）9～隔年7月、（若蟲）7～10月

世代 一年一代　　**若蟲的食物** 禾本科植物的葉片、稻穗及昆蟲

越冬型態 成蟲

卵

卵會產在禾本科植物的葉鞘上，大約 6mm。

葉鞘

若蟲

一齡
大約 6mm。

中齡
大約 15mm。

亞終齡

終齡

亞終齡雌若蟲，大約 25mm。

終齡雄若蟲，大約 30mm。

成蟲

雌蟲

綠色型的雌蟲，複眼帶有條紋，看起來有點呆萌。

褐色型的雄蟲。

雄蟲

雄蟲的嘴巴是紅色的，所以在日本俗稱「吸血蝗」或「口紅」。

用長滿刺的腳緊抓獵物

東方螽斯

Tettigonia orientalis

經常光明正大地停在樹林邊緣的植物上，非常好找。前腳有銳利的刺，可以緊緊抓住其他昆蟲，慢慢食用。若蟲年紀還小的時候，經常出現在蒲公英之類的花朵上取食花粉。

分類	直翅目螽斯科	全長	45～58mm	出現地區	本州、四國

出現時期	（成蟲）6～10月、（若蟲）4～7月	世代	一年一代

若蟲的食物	昆蟲等小動物及植物的花粉	越冬型態	卵

蓬虆花朵上的初齡若蟲，大約 10mm。

初齡

中齡

正在食用一年蓬花粉的中齡若蟲。

蛻皮的若蟲利用口器巧妙地把長長的觸角拉出來。

在欄杆上捕食舞毒蛾（→ p.124）若蟲的終齡若蟲，大約 30mm。

若蟲

終齡

黑化的終齡雌若蟲，長長的產卵管相當明顯。

頭部朝下開始羽化。

羽化的雄蟲，白色翅膀慢慢舒展開來的模樣相當美麗。

只要翅膀舒展開來，羽化就算完成了！

成蟲羽化後，會立刻吃掉蛻殼呢！

雌蟲的產卵管很長，一眼就能辨別雌雄。

雌蟲。

雌蟲

成蟲

雄蟲

黑化的雄蟲。

東方螽斯在日本各地有許多不同的族群，叫聲和外觀都不同，目前還不清楚他們是屬於同一種還是不同種。不過隨著研究進展，原本認為只有一種的生物，說不定哪天會被分為好幾種。

小小的家和螞蟻一樣

黑翅細斯

Conocephalus melaenus

在樹林邊緣等昏暗之處可以找到牠們的蹤影，不管是白天還是夜晚，都會不停鳴叫。小小的若蟲體色偏黑，一般認為是為了自我保護，所以擬態成為螞蟻。

分類 直翅目螽斯科	全長 20～28mm
出現地區 本州、四國、九州、琉球群島	
出現時期 （成蟲）8～10月、（若蟲）6～8月	世代 一年一代
若蟲的食物 禾本科植物的葉片	越冬型態 卵

有時候若蟲會維持紅黑色的狀態長大，頭部是橘色的，非常美麗。

若蟲

終齡雌若蟲，若蟲在成長過程中通常會變成綠色，大約 15mm。

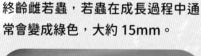

終齡

一齡

初齡若蟲為紅黑色，體型圓潤，看起來很像螞蟻，大約 5mm。

雌蟲的產卵管會稍微往上翹。

雌蟲

成蟲

雄蟲

震動翅膀鳴叫聲的雄蟲，日夜都會發出低沉的鳴叫聲。

躲在樹皮底下的西瓜籽

姬擬綠螽

Phaulula macilenta

海邊附近的樹林或城市公園的樹上經常會看到牠們的蹤影，背上的白線是一大特徵。卵的形狀長得很像西瓜籽，通常會產在樹皮下。

| 分類 直翅目螽斯科 | 全長 34～42mm |
| 出現地區 本州、四國、九州、琉球群島 |
| 出現時期 （成蟲）8～11月、（若蟲）6～10月 |
| 世代 一年一代 | 若蟲的食物 野梧桐、樟樹等闊葉樹的葉片 |
| 越冬型態 卵 |

卵

卵大約 5mm，只要剝開樹皮就可以找到卵，看起來就像小小的西瓜籽。

若蟲

初齡

初齡若蟲長長的腳上有粉紅色的條紋，大約 6mm。

終齡

終齡雌若蟲約 20mm。

成蟲

彎曲後腳，用嘴巴靈活清潔身體的雌蟲。

雄蟲

雄蟲。

雌蟲

雌蟲。

拿到雄蟲的精苞後，雌蟲會將其黏在腹節末端，只要將精苞裡的精子送進體內，就可以讓卵子受精。

若蟲的眼睛像藍色玻璃珠

長尾華綠螽

Sinochlora longifissa

主要出現在山區的樹上，擅長展翅飛翔，一旦察覺到人類靠近，就會飛到另一棵樹上。成蟲和終齡若蟲以紅色的前腳為特徵；若蟲的複眼是藍色的，相當美麗。

分類 直翅目螽斯科	全長 大約 53mm

出現地區 本州、四國、九州

出現時期 （成蟲）7～10 月、（若蟲）6～8 月	世代 一年一代

若蟲的食物 闊葉樹的葉片	越冬型態 卵

若蟲

初齡若蟲，腳上有一排黑斑，頭部是黃色的，複眼帶有藍色，大約 8mm。

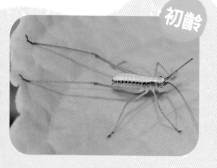
初齡

只要一察覺到敵人的氣息，就會緊貼在赤竹葉上隱藏起來的亞終齡若蟲，甚至連觸角也可以靈活地摺起來，簡直就像忍者，大約 16mm。
亞終齡

中齡

中齡若蟲，玻璃珠般的藍色複眼十分美麗，大約 12mm。

終齡若蟲雌蟲，前腳的紅色偏深，充分展現出這個物種的特徵，長度大約 20mm。

終齡

雌蟲頭部。

成蟲

雄蟲。

雄蟲

雌蟲。
雌蟲

最愛稻田！最喜歡稻子！

小翅稻蝗

Oxya yezoensis

廣 泛分布在水田和原野之間，個體數量也很多。特別的是，雄蟲經常騎在雌蟲的背上。牠也是大家熟悉的昆蟲食材，自古以來日本各地會將其煮成佃煮食用。

分類 直翅目蝗科	體長 ♂ 16～33mm ♀ 18～40mm
出現地區 北海道、本州、四國、九州	
出現時期 （成蟲）7～12月、（若蟲）5～10月	世代 一年一代
若蟲的食物 禾本科等草本植物的葉片和稻穗	越冬型態 卵

若蟲

初齡

大約 8mm。

綠色型的終齡若蟲大約 25mm。

終齡

褐色型的終齡若蟲。

成蟲

雌蟲的頭看起來有點呆萌。

剛羽化的雌蟲。

若蟲的蛻殼

有長型翅膀的雌蟲，大多數的成蟲翅膀都屬於短型，長型並不常見。

將雄蟲背在後面，吃著禾本科植物葉片的雌蟲。就算沒有交配，雄蟲也會一直趴在雌蟲的背上，這樣雌蟲才不會被其他的雄蟲搶走。

雄蟲

雌蟲

一對正在停留的成蟲。

不小心誤抱長額負蝗雌蟲的雄蟲。

以成蟲姿態過冬的大型蝗蟲

日本黃脊蝗

Patanga japonica

呈 淡淡土黃色的大型蝗蟲，經常出現在野葛茂密生長的地方。複眼下方有一條黑色條紋，看起來就像在流眼淚。會以成蟲的姿態過冬，雌蟲則會在春天產卵。

分類 直翅目蝗科	全長 ♂ 40～55mm ♀ 45～70mm

出現地區 本州、四國、九州、琉球群島

出現時期 （成蟲）9～隔年7月、（若蟲）7～11月　世代 一年一代

若蟲的食物 野葛、禾本科等植物的葉片　越冬型態 成蟲

亞終齡

中齡

亞終齡若蟲，大約 22mm，複眼下方的黑色花紋越來越清楚。

中齡若蟲大約 13mm，複眼下方的花紋還不是很明顯。

終齡

若蟲

蛻皮的若蟲。

終齡雄若蟲，大約 28mm。

剛羽化的雄蟲。

雌蟲的頭部和若蟲一樣，以流淚的花紋為特徵。

雌蟲，體型比雄蟲大一圈，體格也較粗壯。

成蟲

不管是體型還是飛行力都無與倫比！

東亞飛蝗

Locusta migratoria

經常出現在原野等寬闊的地方、深受大家喜愛的大型蝗蟲。飛行能力很好，只要一有人靠近，就會立刻飛得遠遠的。若蟲的頭很大，非常可愛。

分類	直翅目蝗科	全長	♂ 35～50mm ♀ 45～65mm

出現地區	北海道、本州、四國、九州、琉球群島

出現時期	（成蟲）5～12月、（若蟲）4～11月	世代	一年一～二代

若蟲的食物	禾本科植物等的葉片及稻穗	越冬型態	卵

褐色型的中齡若蟲，背部中間有一個小小的凹痕，大約14mm。

終齡

綠色型的終齡若蟲，長度約35mm。

褐色型的終齡若蟲。

若蟲

中齡

褐色型的雄蟲。

一對綠色型的成蟲，趴在上面的小隻成蟲是雄蟲。

雄蟲

口器很大，適合大口啃草。

雌蟲

成蟲

一邊發出聲音一邊飛得遠遠的！

中華劍角蝗

Acrida cinerea

啪噠 啪噠

頭部尖尖、形狀細長的大蝗蟲。雄蟲和雌蟲在體型上有很大的差異，雌蟲體型碩大，雄蟲則比較苗條，體型比雌蟲小得多。雄蟲飛行的時候，翅膀會發出拍打聲，在日本又稱為「啪噠啪噠蝗蟲」。

| 分類 直翅目蝗科 | 全長 ♂ 40～50mm ♀ 75～80mm |

| 出現地區 本州、四國、九州、琉球群島 | 出現時期 （成蟲）6～11月、（若蟲）5～8月 |

| 世代 一年一代 | 若蟲的食物 禾本科植物的葉片 | 越冬型態 卵 |

卵

卵塊在被分泌物包裹的狀態下埋入土裡，卵的長度大約7mm。

若蟲

褐色型的初齡若蟲，大約 15mm。

初齡

大約 35mm。

中齡

綠色型的終齡若蟲，大約 60mm。

終齡

褐色型的終齡若蟲。

若蟲到成蟲會以相似的模樣成長。

成蟲

蝗蟲和螳螂羽化時頭會先朝下。

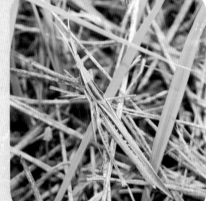

羽化的綠色型雄蟲。

雄蟲，綠色和褐色混合的類型，體型比雌蟲小也比雌蟲輕。一旦察覺到危險，就會立刻發出「啪噠啪噠啪噠」的聲音飛走。

雄蟲

褐色型的雌蟲通常會躲在枯草中，不太容易被發現。

將腹部插入土中產卵的雌蟲。

雌蟲

綠色型的雌蟲，表情非常獨特，看起來好像隨時會開口說話。

博士的觀察筆記

除了「啪噠啪噠蝗蟲」，牠們在日本還有一個名字叫做「叩頭蝗蟲」。因為只要用手指夾住兩條長長的後腳，牠們的身體就會不停上下擺動，彷彿在敬禮，看起來也很像在碾米。

被背著的是雄蟲

長額負蝗

Atractomorpha lata

經常在路邊或校園草叢看到的蝗蟲。雄蟲的體型通常比雌蟲小很多，而且經常看到牠們像孩子一樣趴在雌蟲的背上。

分類 直翅目錐頭蝗科	全長 ♂ 20～25mm ♀ 40～42mm

出現地區 北海道、本州、四國、九州、琉球群島

出現時期 （成蟲）6～隔年1月、（若蟲）5～12月	世代 一年一代

若蟲的食物 豆科、菊科、唇形花科等植物的葉片	越冬型態 卵

終齡雌若蟲，大約 30mm。

若蟲

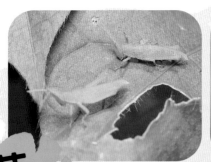

正在吃牽牛花葉片的初齡若蟲，大約 9mm。

初齡

終齡

褐色型雌蟲配上綠色型雄蟲的一對成蟲。

雄蟲

簡直就像小孩！

雌蟲

剛羽化的雌蟲，上方是若蟲蛻殼。

一對正在交配的褐色型成蟲。下面是雌蟲，上面是雄蟲，體格相差非常大，常常讓人誤以為身上背的是孩子。

成蟲

兩隻雄蟲為了爭奪雌蟲大打出手，牠們其實非常溫和，但是遇到這種情況，還是會打起架來。

即使擁有華麗的花紋，照樣可以隱藏在河床上

黑翅石蠅

Oyamia lugubris

初夏時分可以在清澈的河流附近看到的大型石蠅，夜晚習慣往明亮的地方飛。在河流中成長的稚蟲，身上會覆蓋著一種類似「隈取」（日本歌舞伎演員的舞台妝）的花紋，相當美麗。

分類 襀翅目石蠅科	體長 20～35mm

出現地區 本州、四國、九州

出現時期 （成蟲）4～6月、（稚蟲）全年

世代 一年一代（稚蟲期間2～3年） 　稚蟲的食物 昆蟲等水生小動物

越冬型態 稚蟲

稚蟲

終齡

終齡稚蟲，通常會棲息在清澈河流裡的石縫中，以捕食昆蟲等水生小動物為生。花紋看起來非常華麗，但卻能巧妙地偽裝成河底的石頭或砂粒，不易被發現。

仔細一看，會發現牠們的表情其實很溫和。

參考 剛羽化的節石蠅屬昆蟲，可以看出其後翅形狀稍寬。

殘留在水邊欄杆上的稚蟲蛻殼。

停在河邊朴樹上的成蟲。

成蟲

成蟲的頭部宛如古代生物。

閃閃發亮的金綠色優雅蜻蜓

朝比奈珈螺

Mnais pruinosa

在 溪流上輕盈飛翔、體型苗條的金綠色豆娘。交配時，雄蟲和雌蟲的腹部會構成一個漂亮的愛心形狀。在河流中成長的稚蟲（水蠆），體型與成蟲一樣苗條。

分類 蜻蜓目珈螺科	體長 42～60mm
出現地區 本州、四國、九州	出現時期 （成蟲）4～8月、（稚蟲）全年
世代 一年一代（稚蟲期間1～2年）	
稚蟲的食物 昆蟲等水生小動物	越冬型態 稚蟲

尾鰓 →

終齡

稚蟲

終齡稚蟲，外型像短短的枯枝，通常躲在溪流底部的落葉下方或岸邊植物的根部附近，大約25mm（包括尾鰓）。

年輕的雄蟲，羽化後要過一段時間才能繁殖，這段期間稱為未成熟期。

雄蟲的未成熟個體

成蟲

雄蟲，翅的顏色有透明、橘色及褐色這三種，每個地區所見到的類型也各不相同。

雄蟲

雌蟲

一對正在交配的成蟲。蜻蜓和豆娘交配的時候，雄蟲和雌蟲的腹部會形成愛心的形狀，在這當中，以珈螺呈現的愛心最為優雅。

棲息在綠意盎然的池塘，一身豔紅的豆娘

朱紅細蟌

Ceriagrion nipponicum

雄蟲是紅色的、雌蟲是暗橙色的豆娘，經常出現在水草茂盛的池塘或沼澤附近，大多與相近種的黃腹細蟌一起出現。

分類 蜻蜓目細蟌科	體長 32～45mm

出現地區 本州、四國、九州

出現時期 （成蟲）5～10月、（稚蟲）全年	世代 一年一～二代

稚蟲的食物 昆蟲等水生小動物　越冬型態 稚蟲

稚蟲

體色較淺的亞終齡稚蟲，大約 14mm（包括尾鰓）。

終齡

體色較深的終齡稚蟲，大約 18mm（包括尾鰓）。

成蟲

雄蟲連複眼都是紅色的。

一對連結的成蟲，雄蟲的腹節末端形狀像剪刀，可以夾住雌蟲頭部和胸部之間的部位。

雄蟲

雌蟲

參考 在朱紅細蟌出現的地方也發現了黃腹細蟌雄蟲，成蟲雖然可以根據顏色來辨別差異，但是稚蟲卻難以區別。

躲藏在小溪流的中齡稚蟲。離開泥沙的時候全身會沾滿砂粒，所以不容易發現，大約 10mm。

亞終齡稚蟲的頭部。下唇側片（口器的一部分）鋸齒相當醒目，樣貌看起來有點驚人。

看起來好像怪獸喔！

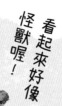

大約 30mm。

稚蟲

中齡

可以扭動身體，潛入沙泥中。照片的稚蟲只有露出眼睛，身體完全藏起來了。

亞終齡

稚蟲和成蟲都很有魄力！是蜻蜓界的王者

無霸勾蜓

Anotogaster sieboldii

情侶裝耶！

氣勢十足、日本最大的蜻蜓。身體是黃黑兩色的條紋圖案，綠色的複眼相當美麗。雄蟲會為了尋找雌蟲而不停地在河邊的路徑上飛來飛去，稚蟲（水薑）會潛藏在河川源頭或上游的河沙中。

分類 蜻蜓目勾蜓科	體長 80 ～ 114mm

出現地區 北海道、本州、四國、九州、琉球群島

出現時期 （成蟲）6 ～ 10 月、（稚蟲）全年	世代 一年一代（稚蟲期間三～四年）

稚蟲的食物 昆蟲等水生小動物	越冬型態 稚蟲

羽化，正準備把腹部拉出來，翅膀尚未展開。

終齡

大約 45mm。

成蟲

成蟲的頭部

從稚蟲變為成蟲要花上三、四年的時間呢！

這麼大隻的蜻蜓好酷喔！真想採集看看！

正在產卵的雌蟲。一邊盤旋一邊用腹節末端拍打水面，以便將卵產在水底的泥沙中。

雄蟲

雄蟲。

雌蟲

博士的

觀察筆記

無霸勾蜓雄蟲有地盤性，經常在勢力範圍內巡邏，所以會在同一個地方飛來飛去。要是沒有抓到牠，請不要放棄，在原地耐心等待一會兒，因為沒多久之後牠應該就會飛回來喔！

稚蟲的絕招是噴射推進！

綠胸晏蜓

Anax parthenope

相當常見的昆蟲，經常在開放的池塘及悠悠的河流上自在飛行。稚蟲（水薑）呈紡錘形，可以從臀部噴水，像噴射機般迅速移動。

分類 蜻蜓目晏蜓科	體長 65～84mm

出現地區 北海道、本州、四國、九州、琉球群島

出現時期 （成蟲）4～11月、（稚蟲）全年	世代 一年一代～多代

稚蟲的食物 昆蟲等水生小動物	越冬型態 稚蟲

卵

產在水中植物葉片上的卵，快要孵化時，可以看到稚蟲的眼睛，大約長 1.7mm。

亞終齡

終齡

大約 45mm，稚蟲察覺到危險時，會從腹部末端噴出強力水柱，再趁機逃跑。

稚蟲

大約 25mm。

綠色型終齡稚蟲的腹面。頭部下方有個摺疊起來的長型下唇（口器的一部分），發現獵物時會迅速伸出下唇捕食。

成蟲

羽化，剛伸展開來的翅膀是白色的，但過一會兒就會變得透明。

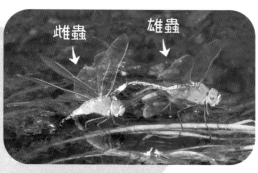

雌蟲 **雄蟲**

與雄蟲連結產卵的雌蟲。

在溪谷中飛舞的美麗春蜓

弗氏戴春蜓

Davidius fujiama

在河流的源頭至上游都可以找到牠們的蹤影，雄蟲喜歡樹林環繞的環境，會停留在石頭或植物上劃定勢力範圍，稚蟲（水蠆）會躲在河邊或積聚淤泥裡的落葉下方。

分類 蜻蜓目春蜓科	全長 36～51mm	出現地區 本州、四國、九州

出現時期 （成蟲）4～8月、（稚蟲）全年	世代 一年一代（稚蟲期間兩年）

稚蟲的食物 昆蟲等水生小動物	越冬型態 稚蟲

稚蟲

終齡 為了羽化而上岸的終齡稚蟲，平常則潛藏在河床落葉底下或沙泥中，大約 20mm。

羽化，從水蠆蛻背部爬出來的成蟲會直立停留一會兒，腹節末端再從蛻殼裡拉出來，之後翅膀才會從翅基部慢慢伸展開來。

在河邊樹立勢力範圍的雄蟲經常巡邏飛行。

成蟲

宛如落葉般沉入水底的水薑

艾氏施春蜓

Siebolduis albardae

外型與無霸勾蜓相似的春蜓。成蟲的頭部小、後腳長，在河流的中游地區可以找到牠們的蹤影。稚蟲（水薑）的身體寬大扁平，很像沉在水底的落葉。

分類 蜻蛉目春蜓科	體長 75～93mm

出現地區 北海道、本州、四國、九州、種子島、屋久島

出現時期 （成蟲）5～9月、（稚蟲）全年

世代 一年一代（稚蟲期間2～4年）	稚蟲的食物 昆蟲等水生小動物

越冬型態 稚蟲

稚蟲

體色各有不同的中齡稚蟲，大約10mm。

亞終齡

亞終齡稚蟲有小小的翅芽。體型非常平坦，看起來就像河床上的落葉，不太容易發現，大約30mm。

中齡稚蟲的頭部，觸角頂端的形狀像扇子。

中齡

成蟲

雄蟲，外觀與無霸勾蜓相似，但並不會像無霸勾蜓一樣停在枝頭上，通常會停在石頭或葉子上。

腳和蜘蛛一樣長的水薑

圓蛛蜓

Macromia amphigena

成蟲的頭部和胸部有藍綠色的光芒，可以在被樹林環繞的河流和池塘發現牠們的蹤影。稚蟲（水薑）會藏身在河岸植物的根部附近，身體扁平腳細長，形狀像蜘蛛。

分類 蜻蜓目蛛蜓科	體長 67～81mm

分類 蜻蜓目蛛蜓科　　體長 67～81mm

出現地區 北海道、本州、四國、九州、種子島、屋久島

出現時期 （成蟲）4～9月、（稚蟲）全年

世代 一年一代（稚蟲期間兩～四年）　　稚蟲的食物 昆蟲等水生小動物

越冬型態 稚蟲

終齡

約 27mm。

稚蟲

中齡稚蟲的外型像是缺少了兩隻腳的蜘蛛，大約 10mm。

中齡

終齡稚蟲的腹面，頭頂有突起。

成蟲

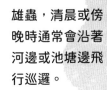

雄蟲，清晨或傍晚時通常會沿著河邊或池塘邊飛行巡邏。

像蝴蝶一樣飄然飛翔的蜻蜓

黑翅蜻蜓

Rhyothemis fuliginosa

身披靛藍色和金綠色的光芒，像蝴蝶一樣展開寬大的翅膀、悠遊飛翔的蜻蜓。可以在植物蔥鬱的池塘和沼澤旁找到牠的蹤影。稚蟲（水薑）的翅芽（將成為翅膀的部分）也較寬闊。

分類 蜻蜓目蜻蜓科	體長 31～42mm
出現地區 本州、四國、九州、屋久島	
出現時期 （成蟲）5～9月、（稚蟲）全年	世代 一年一代
稚蟲的食物 昆蟲等水生小動物	越冬型態 稚蟲

終齡稚蟲的頭部，表情俏皮逗趣。

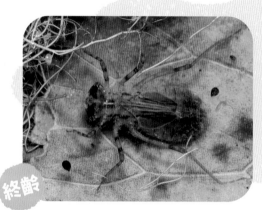

終齡稚蟲，外表和赤蜻的稚蟲相似，但是翅芽線條較為圓潤且寬闊，大約14mm。

終齡

稚蟲

成蟲

成蟲的翅膀具有金屬光澤，在光線照射下顯得閃亮美麗，飄飄然地展翅飛翔。

雄蟲

雄蟲青紫色的翅膀閃耀動人。

雌蟲

雌蟲大多為閃亮的金綠色。

夫妻倆比翼雙飛、身材壯碩的蜻蜓

灰黑蜻蜓

Orthetrum melania

經常出現在里山之間、身體結實的蜻蜓。雄蟲身體是偏深的水藍色；雌蟲則是黯淡的黃色。可以在水田或池塘中找到稚蟲（水蠆）的蹤影，有時候還會潛入水底腐爛的植物中。

分類 蜻蜓目蜻蜓科	體長 49～61mm
出現地區 北海道、本州、四國、九州、琉球群島	
出現時期 （成蟲）5～10月、（稚蟲）全年	世代 多代
稚蟲的食物 昆蟲等水生小動物	越冬型態 稚蟲

稚蟲

稚蟲的頭部呈橫向的長方形，複眼較小，終齡稚蟲約 23mm。

終齡

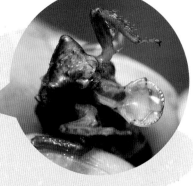

下唇（口器的一部分）伸長的樣子，水蠆的下唇可以摺疊，能夠迅速伸出來捕捉獵物。採集牠們的時候可能會被咬，要多加注意。

雌蟲

雌蟲，才剛羽化所以翅膀充滿光澤。

雄蟲。

雄蟲

成蟲

一對正在交配的成蟲，有人靠近時並不會分開，會一起飛到遠處。

夏天在高原避暑的優雅紅蜻蜓

秋赤蜻

Sympetrum frequens

赤蜻的代表種。過去在水田及池塘邊相當常見,但是最近數量卻越來越少。在平地羽化的個體,到了夏天會移動到涼爽的山區或高原避暑。

分類 蜻蜓目蜻蜓科	體長 32～46mm

出現地區 北海道、本州、四國、九州	出現時期 (成蟲)6～12月、(稚蟲)4～8月

世代 一年一代	稚蟲的食物 昆蟲等水生小動物	越冬型態 卵

卵
前稚蟲
卵

卵和前稚蟲,卵的長度大約0.5mm,卵會產在秋收完畢的水田中,等到隔年田裡灌滿水的時候再孵化。從卵孵化的前稚蟲會立即蛻皮,成為一齡稚蟲。

終齡稚蟲,除了稻田和池塘,閒置的游泳池也經常可以看到牠們的蹤影,不過最近數量越來越少了,大約17mm。

水薑會吃掉蝌蚪,相對地,蜻蜓也常被青蛙吃掉喔!

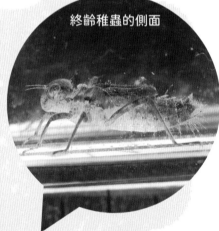

終齡稚蟲的側面

稚蟲

終齡

成蟲

夏天高原上尚未成熟的雄蟲。在平地羽化的個體，夏天會到涼爽的山上避暑，到了秋天再返回平原。

成熟變紅的雄蟲。

一邊用大顎將抓到的小昆蟲咬碎，一邊把牠吃下肚的雌蟲。牠們可以一邊飛行，一邊捕捉獵物。

正在飛行的雄蟲。飛行一段距離後，會再返回原來的地方。

雄蟲

雌蟲

真的是愛心形狀耶！

一對停留在秋葵上交配的成蟲，上面是雄蟲，下面是雌蟲。

博士的
觀察筆記

一般認為秋赤蜻是從廣泛分布於歐亞大陸的秋紅蜻蜓演化而來。有人說冰河期結束，氣候開始變暖時，部分留在日本列島的秋紅蜻蜓可能是秋赤蜻的祖先。所以秋赤蜻在夏季時會移動到涼爽的地方，說不定就是這個原因。

終齡

在溪流底部的石頭下可以發現稚蟲，大約 13mm。

稚蟲

亞成蟲雌蟲，大約 13mm。蜉蝣的稚蟲羽化後，會先變成有翅膀的亞成蟲，必須再蛻一次皮才會變成真正的成蟲。

如果把石頭翻面，一定要再翻回去喔！

亞終齡

蟲蟲檔案
220

成蟲再次蛻皮之後，才會變成真正的成蟲！

桃碧扁蜉蝣

Ecdyonurus tobiironis

還要再蛻一次皮喔！

可以在樹林環繞的溪流中找到牠的蹤影，成蟲會在春天大量出現、集體飛翔。亞成蟲的翅膀有著細緻的紋路，相當美麗。亞成蟲和成蟲的頭頂有一個像鳥喙的突起。稚蟲通常會在河床的石頭底部或側面爬行，並以藻類為食。

分類 蜉蝣目扁蜉科	體長 9～13mm	出現地區 本州、四國、九州
出現時期 （成蟲）3～5月、（稚蟲）10～隔年4月		世代 一年一代
稚蟲的食物 水中的藻類和有機物	越冬型態 稚蟲	

成蟲

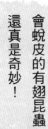

會蛻皮的有翅昆蟲還真是奇妙！

蛻皮為成蟲的亞成蟲雄蟲，亞成蟲時期的翅膀底色原本偏白，蛻變為成蟲時會變得透明。

羽化成功！

成蟲出現了！

翻過身來……

拉出腹部……

翅膀變透明了！

雄蟲。

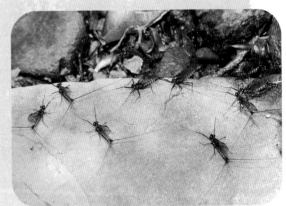

群聚在河岸石頭上的雄蟲。

博士的觀察筆記

在河流中生長的蜉蝣、石蠅和蜻蜓稚蟲，通常會在春季至初夏羽化。因此寒冬尾聲到初春這段期間，是觀察河中昆蟲的最佳季節。

習性像鼴鼠，會在河床底下挖洞成長的稚蟲

蜉蝣

Ephemera strigata

經常停留在溪旁植物上的大型蜉蝣。稚蟲會在河床的沙地裡挖洞居住，外表與其他蜉蝣的稚蟲不同，長得有點像鼴鼠。

分類 蜉蝣目蜉蝣科	體長 大約 20mm

出現地區 北海道、本州、四國、九州

出現時期 （成蟲）4～6月、（稚蟲）9～隔年4月	世代 一年一代

稚蟲的食物 水中的有機物等	越冬型態 稚蟲

稚蟲

放大的終齡稚蟲，終齡稚蟲會在沙地挖隧道住在裡面，臉和上半身有點像鼴鼠。

終齡

大約 25mm。

成蟲

亞成蟲雄蟲，大約 25mm。

雌蟲

雌蟲。

亞成蟲雄蟲的頭部，複眼比雌蟲的大。

雄蟲

蛻皮變為成蟲的亞成蟲雄蟲。

亞成蟲的蛻殼

若蟲和成蟲的外表一模一樣

無斑跳蛃

Pedetontus unimaculatus

可以在河邊等昏暗潮溼的地方找到牠們的蹤影，經常在長滿青苔的岩石及樹皮上爬行，以藻類為食。石蛃是最原始的昆蟲之一，不管是若蟲還是成蟲，外型都一樣。

分類	石蛃目石蛃科	體長	大約 13mm	出現地區	本州、四國、九州、琉球群島
出現時期	（成蟲）全年、（若蟲）全年			世代	一年一代（若蟲期間不明）
若蟲的食物	生長在岩石和樹皮上的藻類			越冬型態	若蟲、成蟲

成蟲的身體呈紡錘形，但是沒有翅膀。身上覆蓋著各種顏色的鱗片，非常美麗。

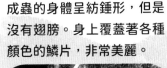

成蟲

腹部有一排類似蜈蚣腳的附肢（腹肢）。

若蟲與成蟲，這隻若蟲大約 6mm 長。若蟲的形狀與成蟲一樣，而且會在同一個地方吃著同樣的食物（如藻類）成長。

成蟲身上的鱗片剝落之後，身體的花紋就會變得不明顯。

鱗片已經剝落的個體剛蛻皮的模樣。只要再覆蓋一層新的鱗片，身上的花紋就會恢復原狀，石蛃就算變為成蟲也會繼續蛻皮。

蛻殼

專有名詞解釋

亞終齡幼（若）蟲
終齡前一個齡期的幼（若）蟲。

威嚇
假裝攻擊或恐嚇對方來保護自己免受天敵的侵害，或保衛自己的領地。

育嬰房
蜂類為了養育幼蟲而建造的房間。

圍蛹
若蟲的外皮變硬，內部變成蛹的狀態，雙翅目和撚翅目的昆蟲都有。

翅鞘
鞘翅目昆蟲形狀像豆莢的前翅。

外寄生・內寄生
昆蟲被寄生時，寄生者依附在寄主表面吸取養分，稱為外寄生；寄生者進入寄主體內吸取養分，稱為內寄生。

外來種
人類刻意攜帶或不小心跟著人類移動（例如植物），進入非原生棲地的生物。

下唇鬚
口器的一部分，如果是鱗翅目，形狀看起來像鼻子，具有感受氣味的作用。

蜜露
蚜蟲、介殼蟲及灰蝶幼蟲等昆蟲從體內排出的含糖液體。

寄主
在寄生現象中屬於受害者的生物，又稱宿主。

寄生
與不同種類的生物共同生活時，一方獲益、另一方受損的關係。

季節型（春型、夏型、秋型）
一年中至少出現兩次的生物，身體的顏色和形狀會因季節而有所不同，並且根據牠們出現的季節稱為「春型」、「夏型」或「秋型」。

擬態
身體的顏色、形狀和氣味與其他昆蟲相似的情況。一般認為昆蟲擬態為別種強大(或有毒)的生物可以達到保護自己的功效。

氣孔
身體表面的呼吸小孔。

胸足
鱗翅目幼蟲胸部的三對腳。

共生
與不同種類的生物共同生活時，彼此都能受益的關係。

巢袋
生物築的一種巢。待在巢裡的生物可以只將頭腳伸到外面，背著巢袋自由移動，居無定所。

口器
昆蟲等動物口部的器官總稱，用以嚼碎或吸食食物。

口吻
突出於前端的口器，可見於鱗翅目或象鼻蟲等昆蟲。

翅芽
翅膀的基礎部分。會隨著不完全變態的若蟲成長，逐漸形成於胸部背方，每蛻一次皮就會變大。

初齡幼（若）蟲
一齡或二齡等尚未完全成長的幼年幼（若）蟲。

終齡幼（若）蟲
成長到化蛹前一個齡期的幼蟲或羽化前最後一齡期的若蟲。

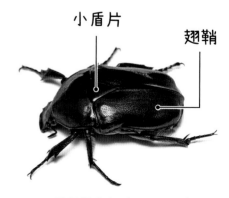

氣孔　尾角

胸足　腹足　尾足

大透翅天蛾（→ p.84）的終齡幼蟲。

小盾片　翅鞘

日銅鑼花金龜（→ p.155）

小盾片
後胸（胸部的最後一節）呈現三角形或盾牌形狀的部位，可見於鞘翅目或椿象等昆蟲。

咬痕
樹葉被咬過的痕跡，也就是生物啃食時留下的咬痕。

前蛹
終齡幼蟲準備化蛹的階段，身體縮小、動也不動的狀態。

退化
生物在演化的過程中，部分身體變小或功能減弱的情況。

地衣
真菌與藻類的共生體。藻類會進行光合作用提供養分，而真菌則提供居所和水。

中齡幼（若）蟲
齡期處於幼齡及老齡之間的幼（若）蟲。

土繭
幼蟲在化蛹之前用糞便或黏液讓土壤及沙子凝結成塊、堆砌而成的房間，為一種蛹室。

天敵
在自然界中對其他生物構成威脅的生物。

毒毛
內部充滿毒液的毛，而且短到連肉眼也看不見。被注入毒素的話，會引起搔癢及發炎。

尾角
鱗翅目幼蟲腹部後背上的突起。

尾足
鱗翅目幼蟲腹部最後面較有肉質的腳，是腹足的一部分。

腹足
鱗翅目幼（若）蟲腹部具有可以行走的附肢。

費洛蒙
生物體內產生的一種化學物質。會利用空氣等媒介，向同一種類的其他個體傳送各種信號。

變異
同一種類的生物，但是身體出現不同的特徵。

繭
幼蟲化蛹之前用絲線或毛做成的房間，蛹室的一種。

休眠
快要蛻皮以便進入下一個齡期的幼蟲靜止不動的狀態。

蟲癭
植物被昆蟲和蟎寄生而出現腫脹等異常生長的現象。

化蛹
幼蟲為了變成蛹而蛻皮的現象。

蛹室
幼蟲化蛹前，利用植物葉片、土壤或分泌物做成的房間。

卵塊
許多卵聚集在一起凝結成塊的狀態。

卵鞘
被分泌物包裹成豆莢狀的卵塊，螳螂目與蜚蠊目昆蟲都可見到。

老齡幼（若）蟲
亞終齡幼（若）蟲或終齡幼（若）蟲等長大的幼（若）蟲。

老熟幼（若）蟲
即將化蛹或羽化並停止進食的終齡幼（若）蟲。

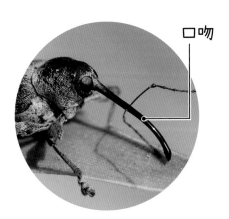

口吻

麻櫟象鼻蟲（→ p.187）

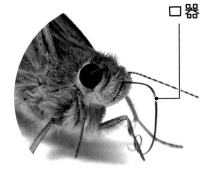

口器

曲紋黃斑弄蝶（→ p.47）

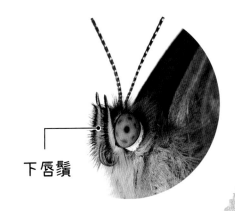

下唇鬚

姬黃斑黛眼蝶（→ p.41）

索引

知識館 知識館027

昆蟲變態圖鑑
生きかたイロイロ！昆虫変態図鑑

作　　　　者	川邊透・前畑真實	
監　　　　修	平井規央	
專 業 審 訂	唐欣潔（臺北市立動物園昆蟲館館長）	
譯　　　　者	何姵儀	
副 總 編 輯	陳鳳如	
封 面 設 計	張天薪	
內 文 排 版	李京蓉	
童 書 行 銷	張惠屏・張敏莉・張詠涓	

出 版 發 行	采實文化事業股份有限公司
業 務 發 行	張世明・林踏欣・林坤蓉・王貞玉
國 際 版 權	施維真・劉靜茹
印 務 採 購	曾玉霞
會 計 行 政	許俶瑀・李韶婉・張婕莛
法 律 顧 問	第一國際法律事務所　余淑杏律師
電 子 信 箱	acme@acmebook.com.tw
采 實 官 網	www.acmebook.com.tw
采 實 臉 書	www.facebook.com/acmebook01
采實童書粉絲團	https://www.facebook.com/acmestory/

I S B N	978-626-349-691-0
定　　　價	780元
初 版 一 刷	2024年7月
劃 撥 帳 號	50148859
劃 撥 戶 名	采實文化事業股份有限公司
	104 台北市中山區南京東路二段 95號 9樓
	電話：02-2511-9798　傳真：02-2571-3298

國家圖書館出版品預行編目(CIP)資料

昆蟲變態圖鑑 / 川邊透, 前畑真實作；何姵儀譯. -- 初
版. -- 臺北市：采實文化事業股份有限公司, 2024.07
296面；21×25.7公分. -- (知識館；27)
譯自：生きかたイロイロ!昆虫変態図鑑
ISBN 978-626-349-691-0(平裝)

1.CST: 昆蟲學 2.CST: 動物生態學 3.CST: 通俗作品
387.718　　　　　　　　　　　　　　　113006262

Ikikatairoiro！　Konchuhentaizukan
Text & Photo Copyright © 2022 by Toru Kawabe & Mami Maehata
Supervised by Norio Hirai
All rights reserved.
First published in Japan in 2022 by Poplar Publishing Co., Ltd.
Traditional Chinese translation rights arranged with Poplar Publishing Co., Ltd.
through Keio Cultural Enterprise Co., Ltd.